SOUND

QUICK START

음향 그림으로 쉽게 알아봅시다!

음향 퀵 스타트

음향초보와 연주자들을 위한 음향 안내서

지은이 | 최 동 욱

레오방송아카데미
L.E.O.(Live Engineer Ocean) BROADCAST ACADEMY

이 책은 기존에 잘 준비된 장비에 전원을 연결하고 스피커를 활용하여 소리를 증폭하는 단순한 과정에 집중하여 쉽게 설명하고자 노력했으며, 악기를 사용하는 연주자들이 지금까지 생각하지 못했던 음향적인 부분들에 대해서 알려주고 함께 고민할 수 있는 책이 되도록 노력했습니다.

잠깐,
알아 보고 합시다!

마이크 MIC	Microphone 소리를 전기로 바꿔 줍니다. 전기로 바뀐 신호는 콘솔로 이동해서 스피커로 이어지기 전까지 전기로 이동합니다. 〈부록 5-4〉
믹서 / 콘솔 MIXER, CONSOL	소리를 받아들이고, 크게 만들어주고, 합쳐줍니다. 때때로 큰 소리를 줄이기도 하는데 중요한건 듣기 좋은 소리를 만들어야 합니다. 〈그림 1-19〉
앰프 AMP	Audio Amplifier 소리를 매우 키워줍니다. 믹서와 스피커 중간에 위치하여 믹서에서 발생한 전기 신호를 스피커가 동작하여 소리를 발생시킬 수 있을 정도의 큰 전기 신호로 바꾸어 줍니다. 〈그림 2-5〉
스피커 Speaker	전기를 소리로 바꾸어 주어요, 마이크와 반대되는 장비입니다. 발생시킬 수 있는 소리의 크기에 따라서 더 많은 전기를 필요로 합니다. 〈그림 2-6〉
노브 KNOB	음향에 사용되는 여러 장비들을 조절하기 위해 둥그런 모양의 시계 방향 반시계 방향으로 돌릴 수 있는 조절장치를 부르는 단어 입니다. 〈그림 1-10〉
페이더 FADER	상하로 움직이면서 소리의 크기를 조절하는 스위치 입니다. 〈그림 1-32〉
XLR 케논	마이크 라인 또는 케논이라고 알려져 있지만 정식 명칭은 XLR이고 3개의 구멍과 핀을 한셋트로 구성되어 있습니다. 특수한 경우 양쪽 다 동일한 형태로 구성되는 경우도 있습니다. 〈그림 1-8〉
TRS 오십오라인	기타 라인 또는 오십오 라인이라고 알려져 대중적으로 많이 사용되는 음향선 인데요 한 선에 두 개의 음향신호를 보낼 수 있는 방식이 TRS이고 TS는 하나의 음향신호를 보낼 수 있습니다. 〈그림 4-4〉
스피콘 Speakon	스피커 연결을 위해 제작된 연결 장치, 스피커선로를 스피커와 앰프에 견고하고 안전하게 연결하도록 도와줍니다. 〈그림 1-4〉
이퀄라이저 Equalizer, EQ	원본과 소리를 똑같이 만들어 주기 위한 조절 장치를 말하는데, '하이 또는 중음을 줄여주세요, 높여주세요.' 에 대해 사용하는 장비 입니다. 〈그림 1-14〉

Prologue

음향 이라고 하면 막연히 전문적이고, 어렵고, 오랜 시간의 학습과 경험이 필요할 것이라는 생각을 하게 됩니다. 물론 좋은 소리를 창조하기 위해서는 오랜 시간의 노력과 음향, 전기, 심리학, 신체적인 특징까지 다양한 분야에 대한 연구와 학습과정이 필요 하지만 전문가들에 의해서 이미 잘 정리된 음향시스템을 사용하는 방법은 음향엔지니어가 되는 과정과는 다른 논의가 가능할 것입니다.

이 책은 설치된 음향시스템을 사용함에 있어서 음향교육을 전문적으로 받지 않은 연주자나 비전문가들이 사진을 통해 음향장비 연결과 순서를 이해할 수 있도록 도움을 주고, 연주자들이 자주 사용하고 관련 있는 음향장비와 이론에 대해서 공유하며 같이 논의 할 수 있도록 구성해 봤습니다.

전문음향엔지니어들이 보기에 지나치게 가볍게 보일 수 있지만 나름 비전문가의 시각에서 책을 만들고자 했던 저의 노력으로 봐주시면 감사하겠습니다.

책을 출판하기까지 물심양면으로 도움을 주신 박경배 교수님과 우한별, 차성진 선생님께 그리고 집필진과 디자인으로 함께해 주신 우상훈, 이주빈, 강민지, 강승일, 배종관 님께 깊은 감사를 드립니다.

프롤로그에서는 콘솔과 앰프의 기능이 하나로 합쳐져 있어서 작동 및 관리가 편리한 파워드 믹서를 통해 마이크 연결법을 알아보고

챕터 2 에서는 음향 장비 중 100석 규모에서 주로 사용되는 음향 장비의 전원을 연결하고 마이크에서 소리가 날 수 있도록 하는 방법에 대해서 간단하게 정리했습니다.

챕터 3 에서는 연주자들 특히 기타 연주자들이 보유하고 있는 일명 꾹꾹이들의 활용법과 기타 앰프에서 여러 가지 명칭에 대해 설명했습니다.

마지막 챕터는 연주자들이 궁금해 하는 음향 상식에 대해 다양한 각도에서 조금 더 심도있게 정리해보았습니다.

혹 책 내용에 보완해야 할 사항이나 궁금하신 부분은 dongday@naver.com 으로 문의해 주시면 감사하겠습니다.

Contents

PEAK
VU
PEAK
VU
2
3

Chapter 1
음향 Quick Start

1-1 파워드 믹서 Quick Start

1-2 앰프, 스피커, 콘솔 Quick Start

1-1
파워드 믹서 Quick Start

● 파워드 믹서로 일단 시작하기

기본적인 음향 장비들 중 콘솔 부분과 파워 앰프 부분이 합쳐진 장비를 파워드 믹서라고 부르기도 합니다. 믹서와 파워 앰프가 합쳐진 덕분에 사용 시 공간도 절약되고 앰프 출력을 조절하는 번거로움도 없어서 중소형 교회나 대형 교회의 세미나룸같은 소형 공간의 음향 시설에 많이 사용됩니다. 과거에는 믹서+앰프였지만 최근에는 믹서+앰프+스피커의 경우도 많이 발전하고 있어서 각각의 상황에 적합한 장비를 사용하면 좋을 것 같습니다.

이제 파워드 믹서로 소리를 내보겠습니다.

준비물

파워드 믹서 1대, 다이나믹 마이크 1개〈2-2 참고〉, XLR 라인 1줄, 스피커 라인 2줄, 파워드 믹서 출력(W:와트)과 동일한 스피커 1개

■

이 표시된 부분은 사용할 필요가 없습니다. (대부분 최초 설정을 이용하세요.)

이 표시된 부분은 눌려있는지 안 눌려 있는지 확인만 해주세요.

1. 마이크 라인 연결하는 부분
2. 전자피아노, 어쿠스틱기타 등을 모노(MONO)로 연결하는 부분
3. 연결된 마이크와 전자 장비의 소리 크기 조절
4. Monitor Out 볼륨 조절
5. 위에서부터 고음, 중음, 저음 조절
6. 에코 볼륨 조절
7. 전자 피아노, CD플레이어 등을 스테레오(Stereo)로 연결하는 부분
8. 전체 채널 Monitor Out 볼륨 조절
9. Monitor Out
10. 전체 채널 볼륨 조절
11. 전원 스위치

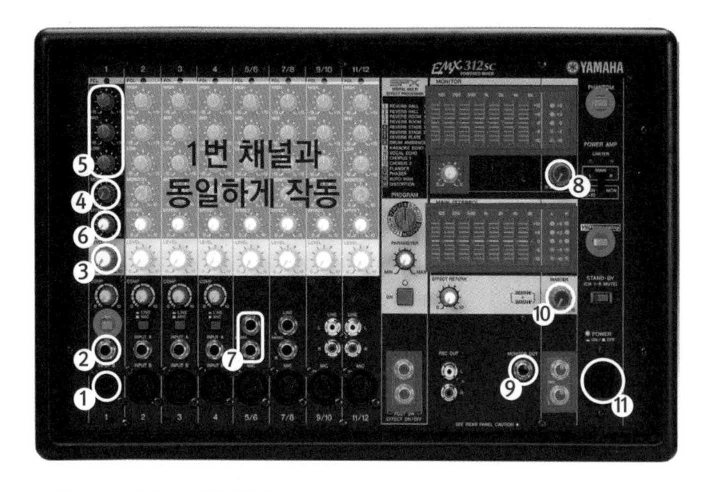

그림 1-1 파워드 믹서 앞면

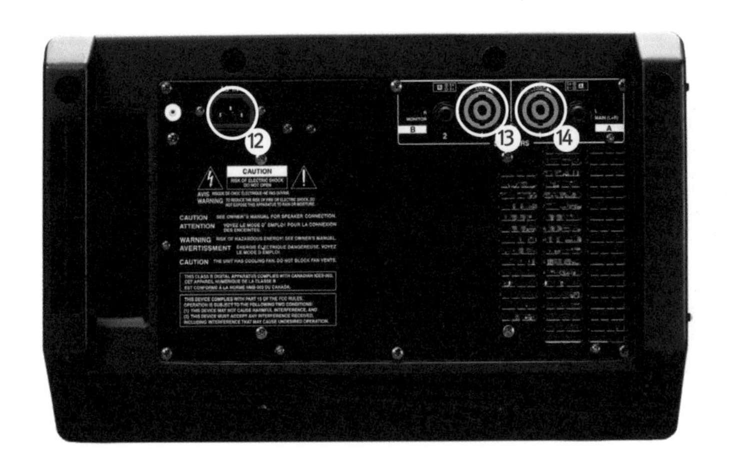

12. 전체 케이블 연결
13. 오른쪽 스피커 라인 연결
14. 왼쪽 스피커 라인 연결

그림 1-2 파워드 믹서 뒷면

● 순서

1) 전원이 꺼져(OFF) 있는지 확인한 후 전원 케이블을 그림 1-2의 12번에 연결해 줍니다.

그림 1-3 파워 케이블

2) 무대 반대편에서 정면을 바라봤을 때 오른쪽에 위치한 스피커에 그림 1-2의 13번에서 연결한 스피커 라인을 연결해 주고, 정면에서 왼쪽에 위치한 스피커에 그림 1-2의 14번에 연결한 스피커 라인을 연결해줍니다.

● 믹서에 스피커 연결하기

그림 1-4 앰프 케이블 연결

그림 1-5 앰프 케이블 고정

그림 1-5

앰프 케이블을 믹서와 연결하고 시계 방향으로 돌려 믹서와 분리되지 않도록 고정합니다.

그림 1-6 스피커 케이블 설치

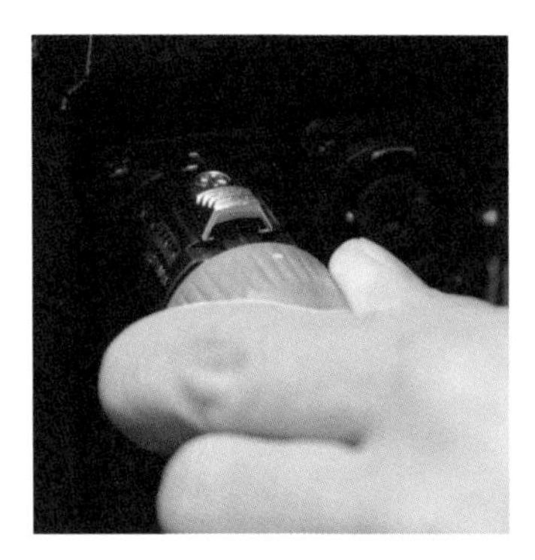

그림 1-7 스피커 케이블 고정

그림 1-7

스피커 케이블을 믹서와 연결하고 시계 방향으로 돌려 믹서와 분리되지 않도록 고정합니다.

● 믹서에 마이크 연결하기

3) 마이크에 XLR 라인 암놈 부분을 연결해줍니다.

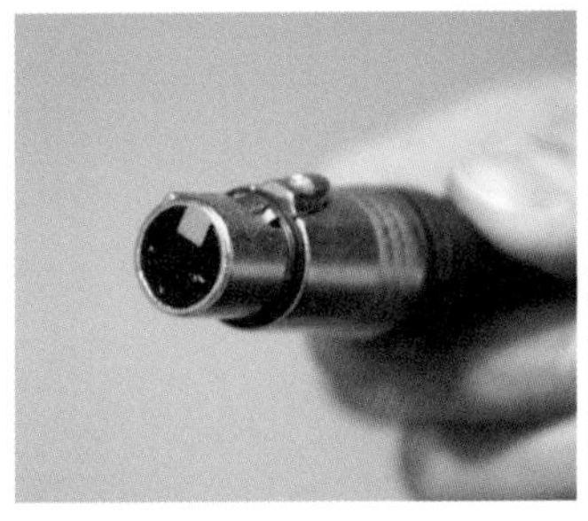

그림 1-8 XLR 암수 라인

4) XLR 숫놈 부분을 그림의 1번 위치에 꽂아줍니다. 혹시 모를 이물질을 대비해서 후후 불어주는 센스~~

그림 1-9 XLR 파워드 앰프 연결

5) 그림 1-1 3번의 소리 크기 조절과 4번의 모니터 볼륨, 6번 리버브 볼륨 조절, 10번 마스터 볼륨 조절 노브 등이 시계 반대 방향 끝부분에 0 표시된 부분에 위치했는지 확인하고 누름 버튼 중 Line이라고 쓰여 있는 버튼과 오른쪽 하단의 +48V라고 적힌 버튼이 눌려져 있지 않도록 확인합니다.

노브 knob: 모양이 둥글며 손으로 잡고 돌려서 여닫는 문손잡이

그림 1-10 노브 초기화

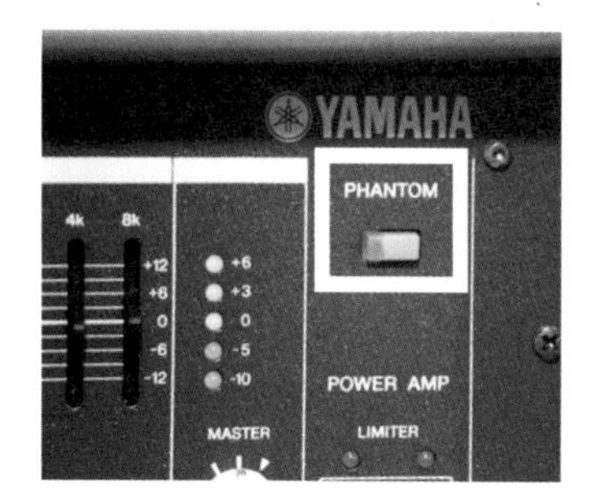

그림 1-11 팬텀(PHANTOM)

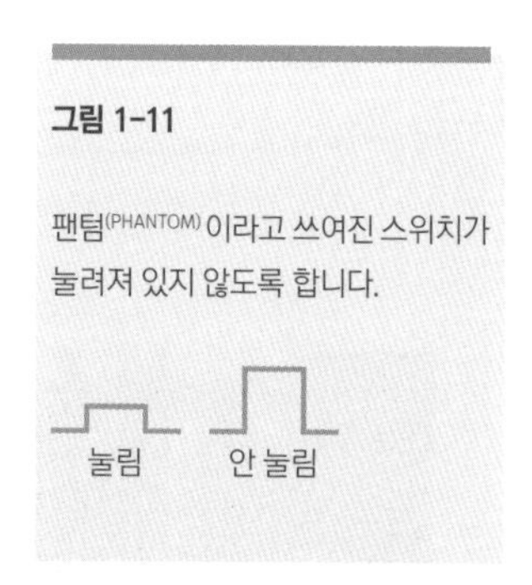

그림 1-11

팬텀(PHANTOM)이라고 쓰여진 스위치가 눌려져 있지 않도록 합니다.

그림 1-12 마스터(MASTER)

그림 1-12

마스터(MASTER)라고 쓰여진 노브도 시계 반대방향 0으로 끝까지 돌려 줍니다.

6) 위의 과정을 모두 마쳤는지 확인한 후, 전원 스위치를 눌러 기기의 전원을 켭니다.

그림 1-13 전원 스위치

7) 5번의 저음, 중음, 고음 조절 스위치의 중심 부분이 12시 방향, 정가운데에 위치하도록 맞추어 줍니다.

그림 1-14 EQ 조절

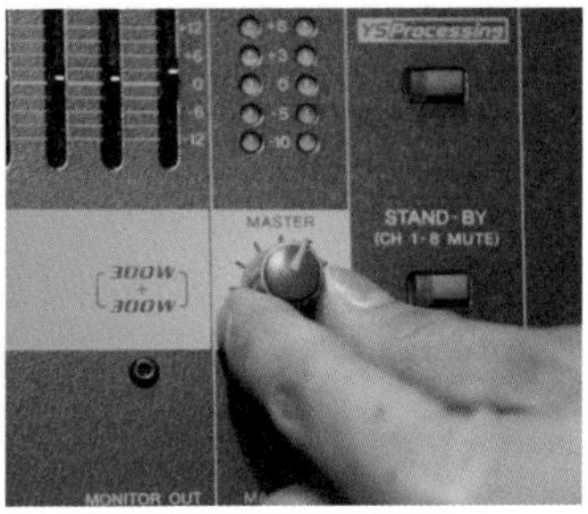

그림 1-15 마스터 볼륨 조절

그림 1-14

대부분의 공간에서 저음(LOW) 부분은 10시 방향으로 소리를 줄여주기도 합니다.

그림 1-15

그림 1-15에서 보여지는 눈금이 일반적인 기준 볼륨입니다.

8) 10번의 전체 볼륨 스위치를 지시 눈금에 맞춰 줍니다. 이런 시스템 정리과정을 제로잉(Zeroing) 또는 칼리브레이션(calibration) 이라고 부릅니다. 핸드폰과 비교하면 공장 초기화와 비슷한 과정이라고 말할 수 있는데요, 음향신호 흐름에 끼치는 영향을 최소화 할 수 있습니다.

9) 연결된 마이크를 잡고 "아! 아!" 또는 "체크, 체크, 1, 2, 3, 4" 등을 외치면서 3번 채널 볼륨 조절 장치를 시계 방향으로 조금씩 돌려줍니다. (절대 마이크를 손으로 치거나, 바람을 불지 않습니다.)

● 볼륨 적당히 맞추기

그림1-16 채널 볼륨 조절장치

10) 소리 크기가 적당하다고 느껴질 때까지 스위치를 시계 방향으로 돌립니다. 단, 스위치의 지시 눈금이 2시(120°) 방향 이상 넘어 갔는데도 작다고 느껴질 때에는 순서 5번에서 언급한 패드(PAD) 누름 버튼이 눌려있지는 않은지 점검해봅니다.

패드 등의 채널 내부 스위치 위치가 이상이 없을 경우 10번 전체 볼륨(MASTER) 노브가 화살표 방향에 위치하고 있는지 등을 살피고 이상이 없을 경우 스피커 연결 부분의 선이 정상적으로 연결되었는지 살펴봅니다.

모두 정상일 경우 XLR 라인을 분리하여 내부에 납땜이 잘 붙어 있는지 암수 모두 살펴보고, 이상이 없을 경우 마이크를 교체해봅니다.

그림 1-17 마이크 라인 연결 확인

그림 1-18 파워드 믹서와 스피커 연결 완료

1-2
앰프, 스피커, 콘솔 Quick Start

이번에는 가장 일반적인 연결 방식인 마이크-콘솔-앰프-스피커의 연결과 소리를 증폭할 수 있는 가장 기본적인 방법을 알려드리겠습니다.

준비물

믹싱 콘솔 1대
스피커 용량 적합한 앰프 1대
앰프 용량 적합한 스피커 1개
마이크 1개
XLR 라인 1줄
Phone plug(TRS) to XLR 숫놈 2줄
스피콘 연결된 스피커 라인 2줄

그림 1-19 콘솔 정면 스위치

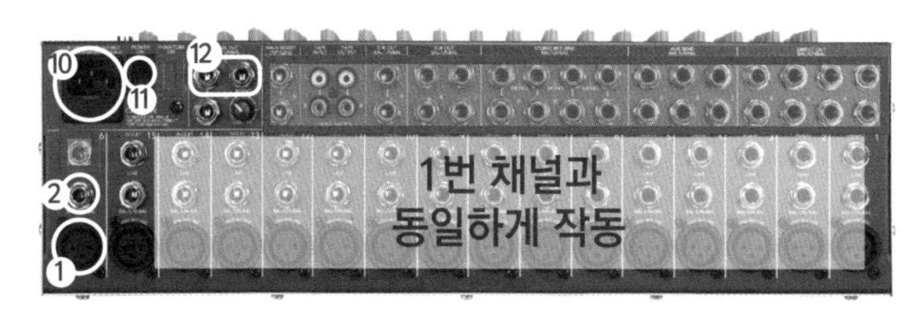

그림 1-20 콘솔 후면

이 표시된 부분은 사용할 필요가 없습니다. (대부분 최초 설정을 이용하셔요.)

1. 마이크 라인 연결하는 부분
2. 전자피아노, 어쿠스틱기타 등을 모노(MONO)로 연결하는 부분
3. 소리전기 신호의 증폭도를 조절
4. AUX Out 볼륨 조절
5. 위에서부터 고음, 중음, 저음 조절
6. 연결된 마이크 또는 전자 장비의 소리 크기 조절
7. 음소거 버튼 눌려 있는지 꼭 확인한다.
8. 전체 채널 AUX Out 볼륨 조절
9. 전체 채널 볼륨 조절
10. 전원 케이블 연결
11. 전원 스위치
12. Main Output 출력

그림 1-21 앰프 전 후면

13. 앰프 좌, 우측 출력 조절
14. 콘솔 Left Out캐논 라인 연결
15. 콘솔 Right Out캐논 라인 연결
16. 전원선
17. Right 스피커와 연결된 스포큰 라인 연결
18. Left 스피커와 연결된 스포큰 라인 연결

● 콘솔과 앰프를 연결하기

1) 앰프 콘솔의 전원이 꺼져 있는지 확인한 후 전원 케이블을 그림 1-20의 10번에 연결해줍니다.

그림 1-22 전원 케이블 연결

2) 콘솔에서 그림 1-20의 12번에 Phone plug(TRS)를 왼쪽(L), 오른쪽(R)을 맞추어 연결해줍니다.

그림 1-23 앰프 인풋(Input), 콘솔 메인 아웃풋(Output) 연결

3) 믹싱콘솔 아웃 L에서 나온 라인을 파워 앰프 인풋 A(Left)에 연결해줍니다. 마찬가지로 믹싱콘솔 R에서 나온 라인을 파워앰프 인풋 B(Right)에 연결해줍니다.

그림 1-24 콘솔 메인 아웃 라인을 앰프 인풋 연결

4) 파워앰프에서 출력 A는 회중석에서 정면을 바라볼 때 좌측에 위치한 스피커에 연결해 주시고, 출력 B는 우측에 위치한 스피커에 연결해 줍니다.

그림 1-25 스피커 케이블을 앰프 아웃풋에 연결

그림 1-26 스피커 케이블을 스피커 인풋에 연결

6) 마이크에 XLR 라인 암놈 부분을 연결해 줍니다.

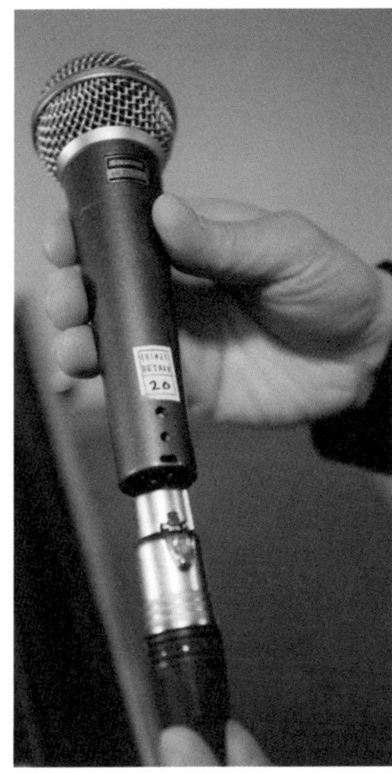
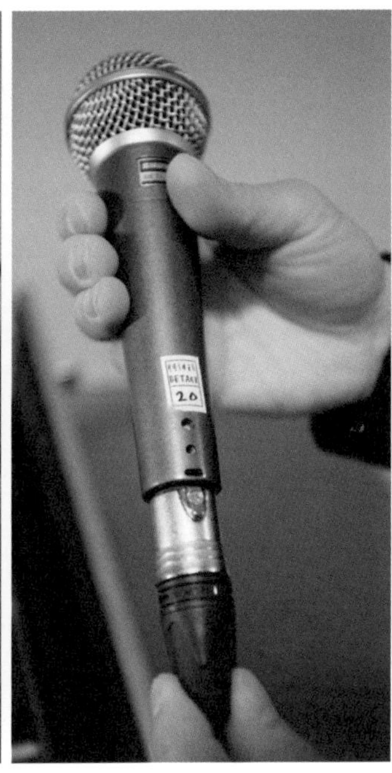

그림 1-27 마이크 라인 연결

8) 마이크가 연결된 XLR 숫놈 부분을 그림의 인풋 1번 위치에 꽂아 줍니다. 혹시 모를 이물질을 대비해서 후후 불어주는 센스~~

그림 1-28 콘솔에 마이크 라인 연결

9) 그림 1-19의 3번 게인(Gain) 또는 트림(Trim)이라고 쓰여 있는 노브를 시계 반대 방향으로 끝까지 돌려서 0 또는 ∞모양이 그려진 곳에 눈금이 위치하도록 합니다.

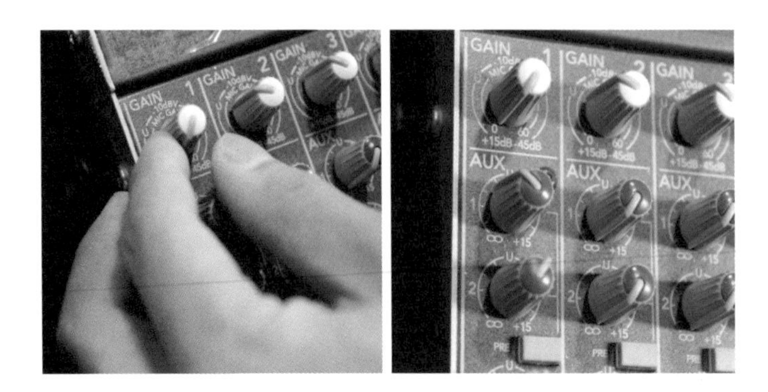

그림 1-29 콘솔 게인 초기화

10) 그림 1-19의 4번 억스(AUX) 노브도 시계 반대 방향 끝까지 돌려서 ∞모양이 그려진 곳에 눈금이 위치하도록 합니다.

그림 1-30 AUX 초기화

11) 그림 1-19의 5번 고음, 중음, 저음을 조절하는 EQ의 노브는 모두 눈금이 정 가운데인 12시 방향에 위치하도록 조정합니다.

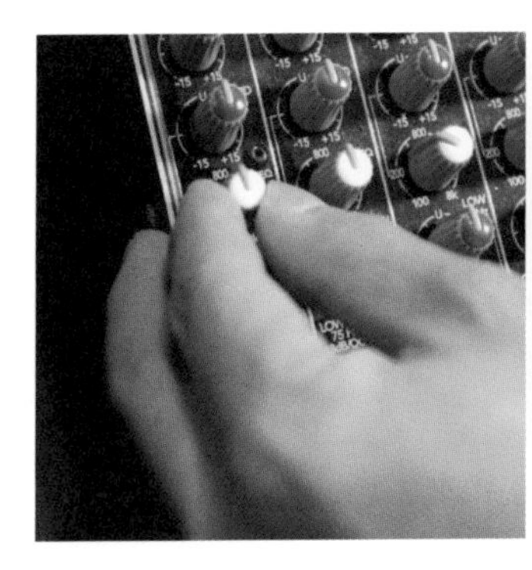

그림 1-31 EQ 초기화

12) 그림 1-19의 6번 볼륨을 조정하는 페이더(FADER)는 가장 아래 쪽(∞방향)으로 내려줍니다.

그림 1-32 페이더 초기화

13) 그림 1-19의 9번의 전체 볼륨(MASTER / MAIN) 조정 페이더 또한 동일하게 가장 아래 쪽(∞방향)으로 내려줍니다.

그림 1-33 마스터 페이더 초기화

14) 자, 이제 전원을 켤 수 있는 모든 준비가 끝났습니다. 항상 믹싱콘솔의 전원을 먼저 ON 시키고 그 다음 파워 앰프의 전원을 켜야 합니다. 만약 그 순서가 반대로 될 경우 스피커에 전원이 켜지는 전기 충격으로 인해 손상이 오거나, 스피커의 수명이 단축될 수 있습니다.

15) 파워 앰프 전원이 모두 꺼져있는 것을 확인하고 믹싱콘솔의 뒷면에 위치한 전원을 켠 후 (믹싱콘솔의 팬텀파워는 무조건 OFF) 파워 앰프의 전원을 켜고 노브를 적당히 돌려줍니다.

파워 앰프 전원 끄기
점멸등이 있는 경우가 있고 없는 경우가 있지만, 대부분 조그만 LED에 녹색 불이 켜집니다.

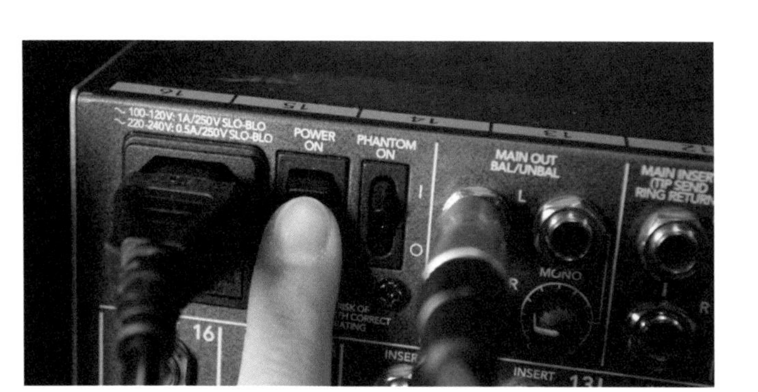

그림 1-34 콘솔 전원 입력

그림 1-35 앰프 전원 입력

16) 마이크 스위치를 켜고 그림 6번의 체널 페이더와 9번의 마스터 페이더를 U(0)라고 쓰여 있는 표시에 위치시킵니다.

그림 1-36 마스터 볼륨과 채널 볼륨 기준점 맞추기

17) 마이크를 입에서 가까이 대고, "아, 아......., 하나 둘 셋"등을 말하며 테스트 해 봅니다. 만약 소리가 너무 작다면 게인을 시계 방향으로 돌립니다. (시계 방향 2시 이상으로 올리지 않습니다.) 그래도 작다면 파워 앰프를 적절한 소리의 크기까지 돌려 줍니다.

그림 1-37 인풋 게인 올리기

그림 1-38 앰프 볼륨 올리기

그림 1-39 콘솔, 앰프, 스피커를 사용한 음향시스템

위와 같이 셋팅을 할 경우, 긴급하게 음향 셋팅이 필요한 경우나 야외행사 등에 음향 장비가 필요할 경우 음향 장비의 보관 및 이동이 간편해집니다. 또한 소규모 공간에도 적합한 셋팅이 될 수 있습니다.

MEMO

Chapter 2

쉽게 살펴보는 음향 기초 지식

2-1
기본적인 음향 설비 설치

우선 소리를 받아들이는 마이크, 마이크에서 발생한 음향 신호를 음향 장비로 연결해주는 마이크 라인, 마이크에서 발생한 소리신호를 증폭하고 여러 마이크들의 신호를 합쳐 주는 콘솔(또는 믹서), 콘솔이나 믹서에서 하나로 합쳐져서 스피커를 움직일 수 있을 정도의 큰 신호를 증폭해주는 앰프, 콘솔에서 앰프로 소리 신호를 전송하는 음향 라인, 마이크에서부터 앰프까지 전기로 이

기초적인 음향 장비 구성

1. 적합한 크기의 콘솔을 설치
2. 무선마이크 수신기
3. 다양한 매체 재생에 대응하기 위한 Tape player + Cd player
4. 메인 아웃 하울링을 조정하기 위한 그래픽 이퀄라이저
5. 메인 스피커 앰프
6. 전기선 및 신호선 관리를 위해 케이블 타이로 고정
7. 전원 관리를 편리하게 하기 위해 멀티탭 고정

위 그림은 일반적으로 소규모 공간에서 목소리 증폭을 위해 사용하는 가장 기본적인 음향 시스템입니다.

그림 2-1 기초적인 음향 장비 구성하기

뤄진 음향 신호를 공기의 진동으로 변화시켜 주는 스피커, 앰프와 스피커를 연결하는 스피커 라인으로 구성되어 있습니다.

말로 설명하니 복잡한 것 같지만, 간단하게 도식화 하면 다음과 같이 표현 할 수 있습니다.

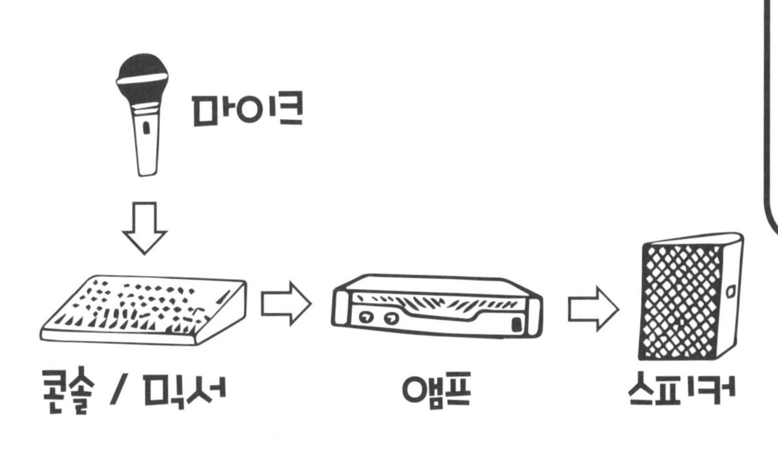

그림 2-2 음향 장비 연결

마이크 -> 콘솔 -> 앰프 -> 스피커의 순서로 단순하게 표현 할 수 있습니다. 그림 2의 순서가 바뀌게 된다면 소리가 나지 않으니 항상 위의 순서대로 전기와 음향 선로 연결이 되어 있는지 꼭 확인하기 바랍니다.

2-2
음향 장비 간단히 알아보기

● 마이크란 무엇인가?

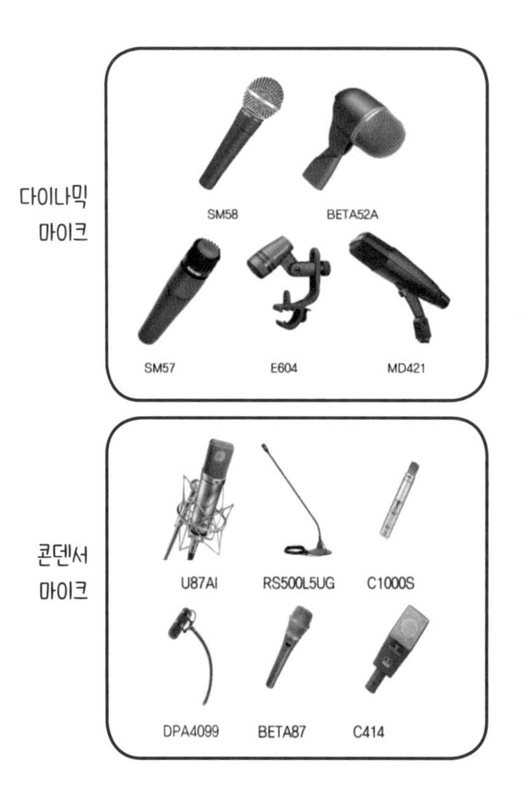

그림 2-3 마이크 종류

다이나믹 마이크는 전자석과 코일을 이용해서 소리를 발생시키고, 콘덴서 마이크는 얇은 두 개의 판에 +48V의 전기를 이용해서 소리가 발생하도록 제작된 마이크입니다. 〈부록 5-4〉

● 앰프

그림 2-4 파워 앰프

On, Off라고 쓰인 스위치는 예상하는 것과 같이 앰프를 켜거나 끌때 사용하고, 돌리는 스위치는 볼륨 조절을 용도로 쓰이지만 대부분의 브랜드 장비들은 앰프에서 출력되는 아웃풋 전기량을 조정하는 것보다는 인풋 볼륨 즉 콘솔에서 앰프로 입력되는 전기의 양을 줄이는 역할로 사용됩니다.

파워 앰프의 외형은 대략 비슷합니다. 검정색일 경우가 많고 뭔가 돌리는 스위치가 두 개 정도 있으며, ON/OFF라고 쓰인 스위치가 앞면 또는 뒷면에 위치합니다.

● 콘솔

그림 2-5 콘솔 명칭

콘솔 명칭

1. "둥근 모양으로" 생긴 것을 knob(노브)라고 부릅니다.
2. Fader 라고 부릅니다.
3. Gain으로, 입력되는 음향 신호를 최초로 증폭하는 크기를 결정하는 knob의 일종입니다.
4. knob들은 aux로, 믹서의 다양한 출력 방식 중 하나입니다. 마이크-› 콘솔-› 앰프-› 메인 스피커의 구성에서는 사용하지 않습니다.
5. EQ(Equalizer)라 불리는데 많은 사람들이 소리를 좋게 만들어주는 기능을 한다고 생각하지만 원래 목적은 잡음 제거 또는 외곡된 소리를 원본과 동일하게 조정하는 것입니다.
6. pan이라고 불리며 스피커가 Left, Right Out를 사용하여 구성되었을 경우 오른쪽 또는 왼쪽 스피커로 소리를 보낼 것인지 결정합니다. (특별한 경우가 아니면 중앙에 위치하도록 조정하면 됩니다.)

● 스피커를 알아봅시다.

그림 2-6 스피커

스피커에 파워가 내장된 액티브 스피커의 경우에는 스피커 별로 전기선이 별도로 연결 되어야 하고, 각각 스피커의 전원을 켤 때는 반드시 콘솔 전원을 먼저 켜야 합니다.

그림 2-7 액티브 스피커

스피커는 소리를 증폭시키는 방법에 따라 2가지 종류로 구분 할 수 있는데 스피커에 앰프가 내장된 액티브 스피커와 앰프가 분리된 스피커로 구분 할 수 있습니다.

앰프가 분리된 스피커의 경우 앰프 전원이 스피커의 전원이 되므로 별도의 전원 구성이 필요 없지만, 일부 구

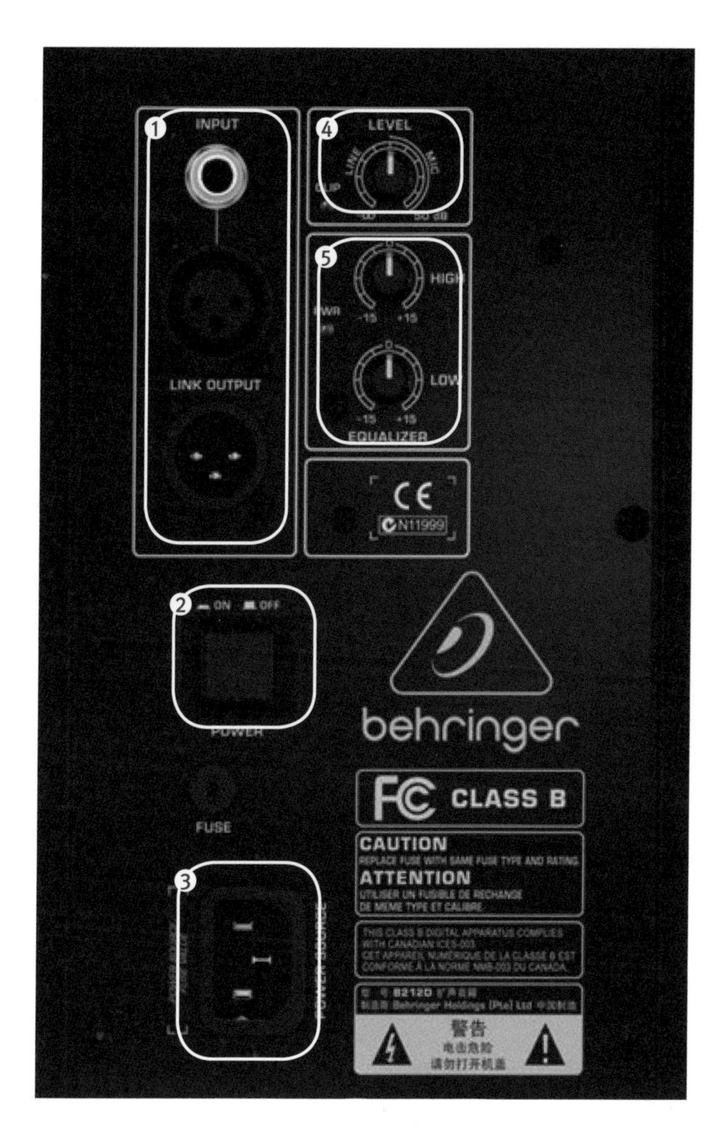

그림 2-8 파워드 스피커 후면

콘솔 명칭

1. 음성신호 인풋
2. 전원 On/Off
3. 전원 케이블 연결
4. 입력신호 볼륨 조절
5. 고음/저음 EQ조절

형 액티브 스피커의 경우 스피커 뒤편에 마이크 레벨과 라인 레벨을 설정할 수 있는 스위치가 있는 경우가 있는데, 프로 음향기기를 처음 다뤄보는 분들은 어떻게 전원을 켜야 하는지부터 고민일 텐데요.

연결하는 장비에 따라 마이크 레벨 또는 라인 레벨 둘 중 하나로 설정되어 있는지 꼭 확인하고 연결해야 합니다.

최근에는 순차전원기는 장비를 통해서 자동으로 순서에 맞춰 전원이 켜지도록 설치되어 있는 경우가 많으므로 아래 그림과 같이 순차전원기 전원스위치만 찾으면 어렵지 않습니다.

일반적인 전원을 켜는 순서는 음향 장비 -> 콘솔 -> 앰프 -> 스피커의 순서입니다.

● 순차전원기라는 것도 있어요.

그림 2-9 순차 전원기

위의 그림에서는 앞면 오른쪽 끝 중앙에 위치해 있네요...

앞면에 여러 스위치가 있는데 대부분 신경 쓰지 않아도되고요~~ ON/OFF가 어디 있는지 잘 확인해 두는 것이 중요합니다.

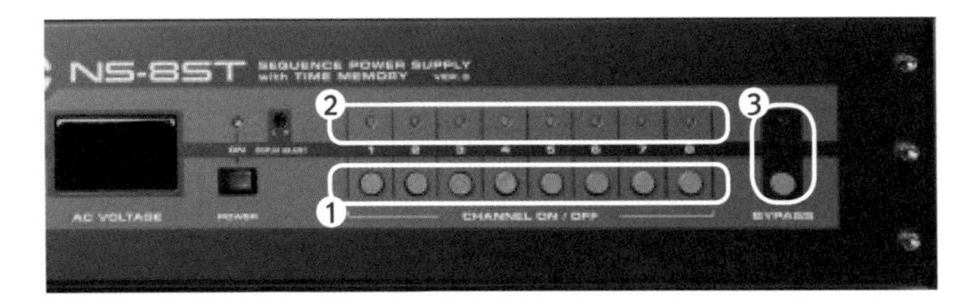

그림 2-10 순차 전원기 설명

뒷면 콘센트에는 콘센트 위에 숫자가 적혀 있는데 번호가 낮은 순서부터 전기가 들어오기 시작합니다. 바꿔 말하면 먼저 켜야 하는 장비부터 낮은 번호순으로 연결하면 되겠지요?

순차 전원기

1. 선택 장비에 대한 전원 차단 스위치
2. 각 전원 동작 확인 LED등
3. 전원 스위치

순차전원기 사용 시 종종 순차전원기 전원이 켜졌지만 장비의 전원이 OFF되어 있어서 장비고장으로 오해하고 당황하는 경우가 있습니다.
항상 순차전원기를 통해 전원을 ON 하기 전에 각 장비의 전원이 켜져 있는지 확인이 필요합니다.

오래전에 생산된 순차전원기의 경우에는 아날로그식 전원 스위치를 사용해서 육안으로 확인이 가능했지만, 최근에는 디지털 방식으로 바뀌어 전원 관련 등이 점멸되어 있는지 꼭 확인이 필요합니다.

순차전원기가 없는 경우 각 장비별 전원을 순서에 맞춰서 켜 주어야 하는데 위에서 말씀 드렸듯이 연결 된 음향장비-> 콘솔-> 앰프-> 스피커의 순서를 지켜서 전원을 켜야만 하는 이유는 전원을 켤 때 발생하는 전기 신호가 다음 장비에 과전압을 발생시킬 수 있고, 또 나중에 켜는 장비일수록 큰 전압을 사용하는 장비이기 때문에 더 큰 잡음이 발생할 위험이 있기 때문입니다.

Chapter 3

연주자와 음향

3-1
이펙터(Effecter) 이해하기?

라이브 음향 엔지니어 업무를 진행하다 보면 연주자들에게 음향 기술의 기본 지식이 꼭 필요하겠다는 생각을 종종 합니다. 특히 음색 선택이 매우 중요한 일렉기타, 베이스기타, 드럼 등의 악기 연주자들에게는 기타 앰프 와 **Stomp Box**(꾹꾹이 이펙터)의 기능에 대해 별다른 이해 없이 우연히 좋은 음색을 발견하여 사용하는 경우를 종종 보게 되는데, 일부 연주자들에게 올바른 사용법을 공유했을 때 훨씬 정교하고 안정적인 음색을 사용하게 되는 것을 발견하게 되었습니다. 이런 경험을 바탕으로 연주자에게 쉽게 이해하고 활용할 수 있는 음향 지식을 정리해 봤습니다.

● 이펙터의 특징

다이나믹 계열: 컴프레서, 리미터, 노이즈 게이트 등의 음량을 컨트롤한다.

필터 계열: 이퀄라이저, 와우페달, 필터처럼 음색 (배음의 구성)을 변화 시킨다.

드라이브 계열: 오버드라이브와 디스토션 등, 소리를 찌그러트린다.

모듈레이션 계열: 트레몰로와 코러스 등의 소리의 파형을 주기적 변화시킨다.

공간 계열: 리버브와 딜레이 등의 소리에 확산감을 더해준다.

앰프 시뮬레이터: 앰프, 스피커, 마이크의 조합과 다양

한 조건을 재현 한다. -> 엄밀하게는 이펙터 계열보다는 미디 계열로 볼 수 있다.

리스트레이션 계열: 필터와 다이내믹스 계열을 종합적으로 사용해서 음원에서 불필요한 노이즈 성분만 제거한다.

멀티 이펙터: 여러 종류의 이펙터를 통합하여 제작한 장비.

● 콤팩트 타입 이펙트 (Stomp Box)

기타 연주자들이 주로 사용하는 외부 연결용 이펙터를 말합니다. 처음 Stomp Box를 접했을 때 연주자들의 묘기에 가까운 발놀림과 여러 장비가 복잡하게 연결된 모습을 보고 대단히 매력적인 악기의 일종으로 인식했었습니다.

일반적으로 많이 사용하는 Stomp Box의 종류에는 다이나믹 계열과 공간 계열 등 크게 두 가지로 나눌 수 있습니다. 이 중에 컴프레서, 리버브, 딜레이 등은 일반적인 음향 엔지니어들도 매우 자주 사용하는 음향 장비입니다. 우선 Stomp Box와 음향 엔지니어들이 사용하는 외장 이펙터의 외형 차이를 살펴보면 좋을 것 같습니다.

물론 음악을 조정하는 장비이니 악기라고 생각할 수 있지만 음향엔지니어 입장에서 생각해 보면 Bypass 조절의 자유도가 극대화된 소형 외장 이펙터라고 설명할 수 있을 것 같습니다.

3-2
Compressor Stomp Box

그림 3-1

위 사진은 일렉기타에 주로 사용되는 꾹꾹이 컴프레서 사진이고 아래 두 그림은 아날로그 음향 시스템에서 자주 사용되는 컴프레서입니다.

그림 3-1 컴프레서 비교

두 컴프레서의 차이점을 살펴보면 일렉 기타용 컴프레서는 크기가 작으며 발을 이용해 장비의 동작을 조절할 수 있게 해주는 기능이 있고, 음향 시스템용은 두께가 좌우 폭에 비해서 얇으며 렉에 거치할 수 있도록 좌우에 고정 홈이 있습니다. 일렉기타용 컴프레서의 경우 작동방법이나 명칭의 차이가 있기 때문에 항시 설명서를 읽어보는 것이 중요합니다.

● Main squeeze 설명서

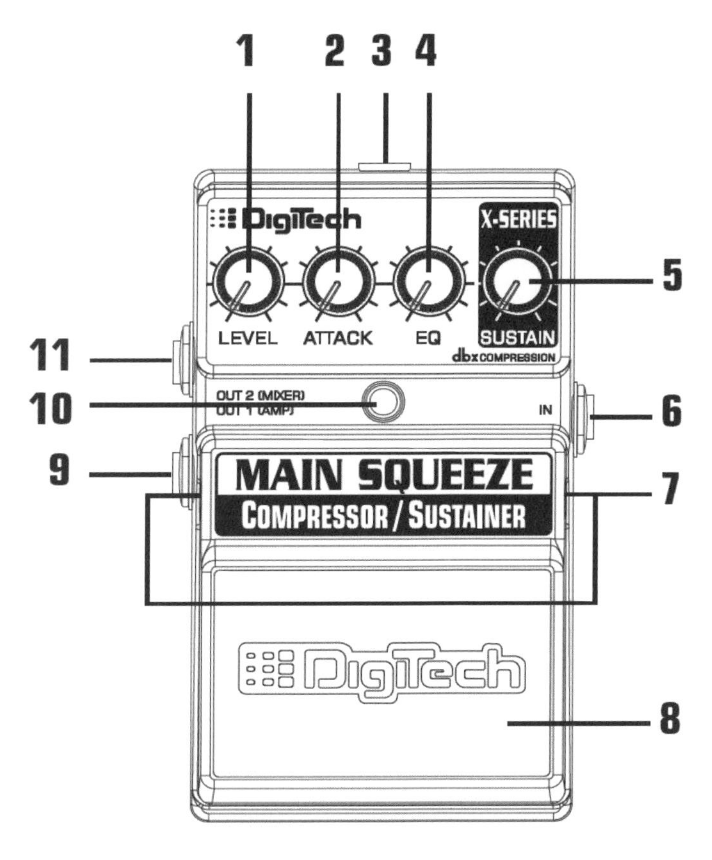

그림 3-2 컴프레서 작동원리

그림 3-2에서 1번 컴프레서를 통과해서 출력되는 음량의 크기를 결정하는 스위치 입니다. 기본적으로 컴프레서를 작동하게 되면 크기가 큰 음량들이 일정한 비율로 줄어들게 되는데 줄어든 음향 신호를 그대로 출력하게 되면 전반적으로 작아지고 약간은 답답해짐을 느끼

게 됩니다. 컴프레서의 주사용 목적 중 하나는 큰 음량을 줄여서 일정하게 맞춰주는 기능도 있지만 작은 음향을 증폭해서 음량이 전체적으로 일정하게 느끼게 해주어 전반적으로 모두 잘린다는 느낌을 주기 위해 사용하기도 합니다. 그러기 위해서는 1번 스위치의 레벨에서 일정한 소리의 크기를 증폭시켜주어서 작은 소리는 커지고 큰 소리는 조금 보정해주는 효과를 사용해야 합니다.

2번 컴프레서가 작동하는 시점을 결정해주는 스위치입니다. 시계 방향으로 돌릴수록 컴프레서가 작동을 시작하는 시간은 점점 늦어지고 소리를 일정 비율 줄이는 작동을 유지하는 시간은 짧아집니다. 반시계 방향으로 돌리면 컴프레서가 음향을 줄이는 동작을 시작하는 시간은 빨라지고 작동을 유지하는 시간은 길어집니다.

5번 음향 시스템에서 사용하는 컴프레서에서는 Threshold라고 부르며 소리 감쇠를 시작하는 음압을 결정하는 스위치입니다. 작동하는 음압을 낮게 설정하

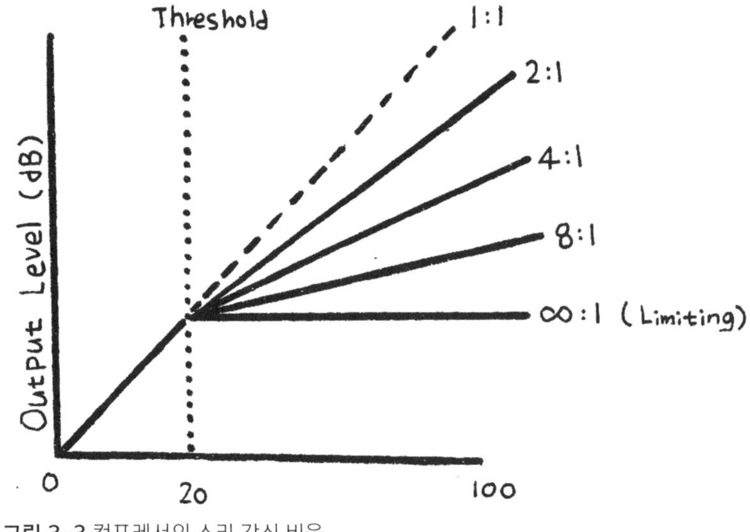

그림 3-3 컴프레서의 소리 감쇠 비율

면 작은 소리에도 컴프레서가 작동하여 소리를 줄이게 되고 높게 설정하면 큰 음압에도 컴프레서가 작동하지 않는 경우도 있습니다.

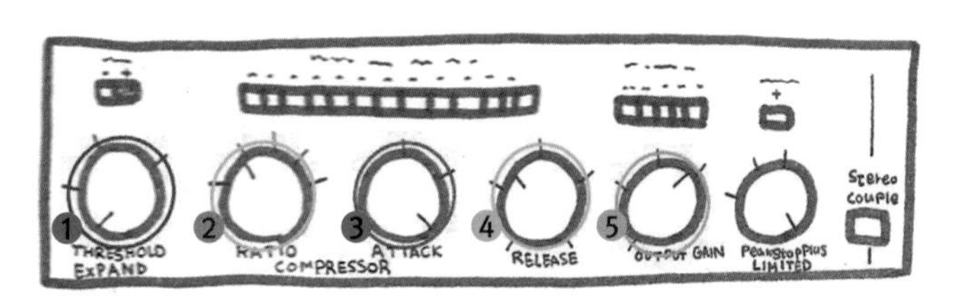

그림 3-4 컴프레서의 소리 감쇠 비율

그림 3-4

1. 몇 dB에서 부터 감쇠를 시작할 것인지 지작점을 결정
2. 얼마의 비율로 줄일 것인가 결정
3. 몇 초 후에 소리 감쇠를 시작할 것인지 결정
4. 몇 초 후에 소리 감쇠를 종료할 것인가 결정
5. 컴프레싱을 완료한 소리를 얼마나 증폭해서 내보낼지 결정

녹음 프로그램을 통해 컴프레서 작동 원리를 살펴보면 다음과 같은 그림을 볼 수 있습니다.

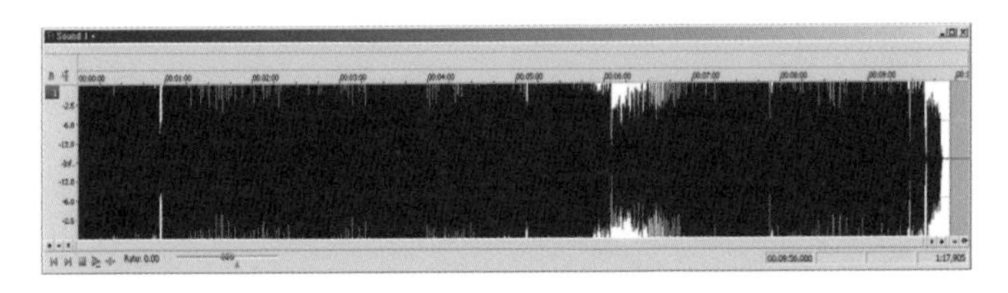

그림 3-5 컴프레서 작업 전 원본

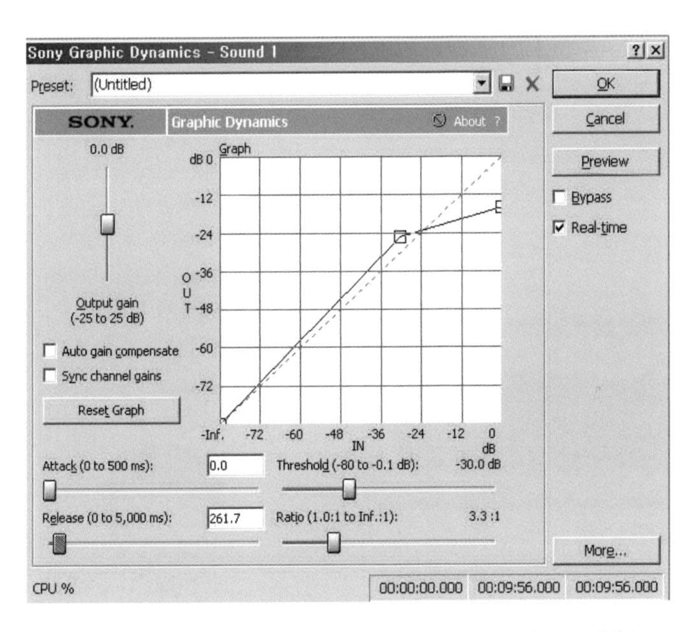

그림 3-6 Threshold: -30, Ratio: 3.3:1, Attack: 0, Release: 261.7

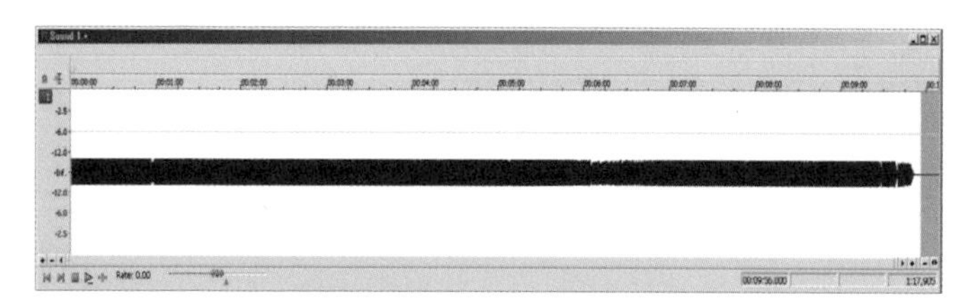

그림 3-7 Compress 결과

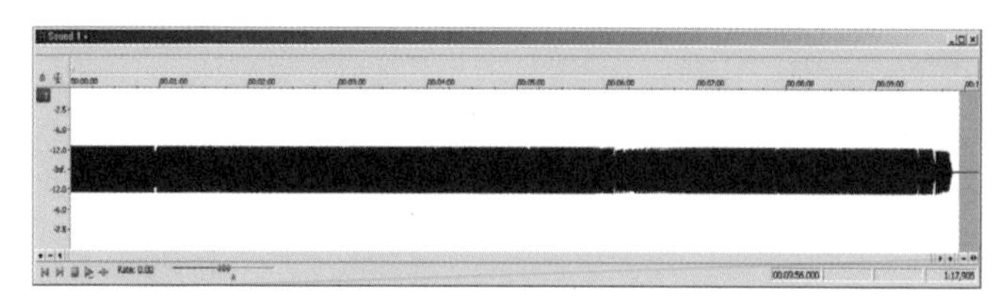

그림 3-8 그림 3-7 결과에 +5dB 했을 경우

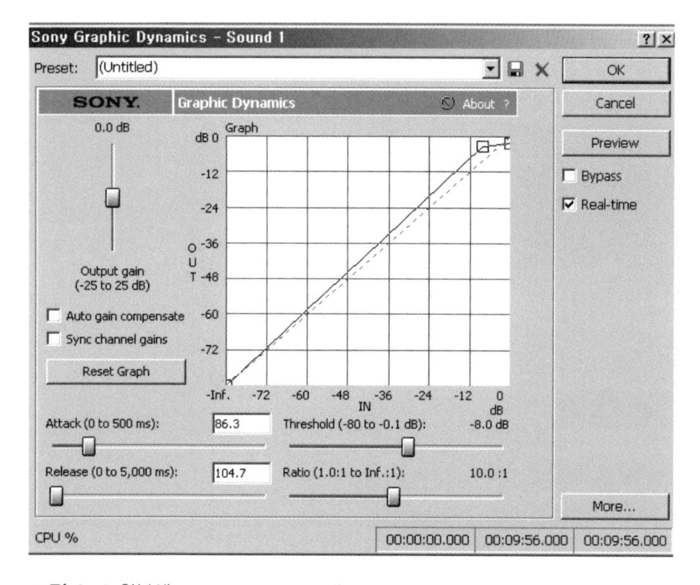

그림 3-9 원본에 Threshold: -8, Ratio: 10:1, Attack: 86.3, Release: 104.7

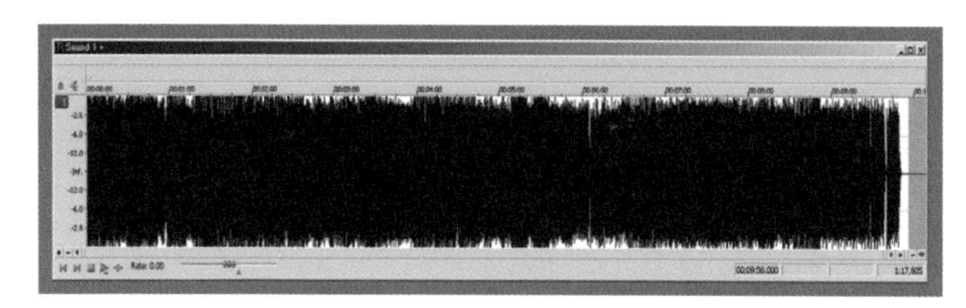

그림 3-10 그림 3-9 결과

위의 그래픽은 수 많은 결과 중 예시입니다.

3-3 OverDrive / Distortion

연주자들은 많이 사용하지만 음향 엔지니어들은 사용하지 않는 이펙터들도 있는데 대표적인 것이 오버드라이브(OverDrive)와 디스토션(Distortion) 입니다.

쉽게 말하면 시스템이 받아들일 수 없는 과도한 음량을 고의로 입력해서 출력되지 못하는 부분을 제외하고 나머지 부분을 사용하는 방식인데, 처음 시작은 스피커의 콘지를 손상시켜서 음색을 만들기도 했다고 전해집니다.

이런 하드웨어 손상을 대신해서 제작된 것이 아래 그림의 장비인데 사용법은 단순하고 수치적인 이해보다는 여러 가지 시도를 통해 연주자가 원하는 음색을 찾는 것이 좋은 방법일 것 같습니다.

콘지

콘스피커에 사용되는 진동판을 가리키는 말로, 원추형 모양에서 유래된 이름, 재료는 일반적으로 펄프를 사용하지만 발포 플라스틱이나 금속을 사용하기도 합니다.

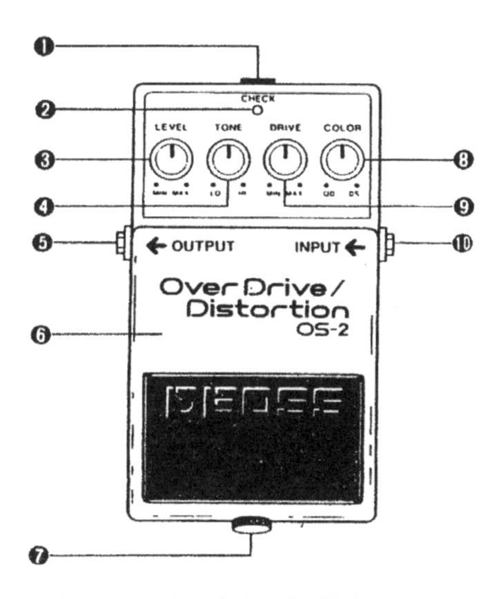

그림 3-11 오버 드라이브 작동원리

오버 드라이브 작동원리

3번 출력되는 음량을 조절하는 것입니다. 출력되는 음량은 내부와 상관없이 일그러지는 정도를 조절하는 스위치입니다.

4번 날카로운 음색을 만들것인지 부드러운 음색을 만들 것인지 결정하는 스위치입니다. 시계 방향으로 돌릴수록 음색이 날카로워 집니다.

9번 일그러짐의 정도를 선택하는 것으로 시계 방향으로 돌릴수록 일그러짐이 심해집니다.

3-4
Reverb Stomp Box

공간계 효과 기계를 두 가지로 나누면 딜레이와 리버브로 나눌 수 있습니다.

딜레이와 리버브의 차이를 쉽게 이야기하면 딜레이는 단순히 음의 반사와 소멸을 집중해서 만들 장비라면, 리버브는 공간에서 발생하는 여러 울림들의 딜레이와 음색 변화까지 함께 처리해서 우리가 자연에서 느끼는 수많은 거리감과 공간감을 가상으로 느끼게 해주는 장비입니다.

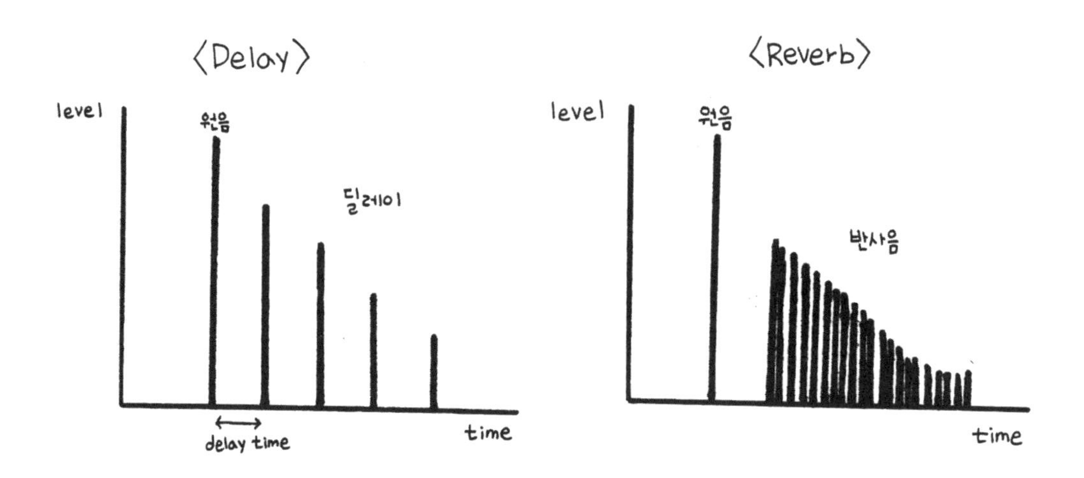

그림 3-12 딜레이와 리버브의 차이

그래서 딜레이는 동일한 음원이 일정한 시간에 반복해서 발생하는 음원의 중첩현상을 이용해 음색을 만들고, 리버브는 연주하는 공간의 특성을 반영하여 음색을 만들게 됩니다.

리버브만 구체적으로 살펴보면 컴프와 동일하게 리버브도 기타용은 크기가 작고 발을 이용해 장비의 동작을 조절할 수 있게 해주는 기능이 있고 음향 시스템용은 두께가 좌우 폭에 비해서 얇고 양쪽 끝에는 랙에 거치할 수 있도록 고정 홈이 있습니다.

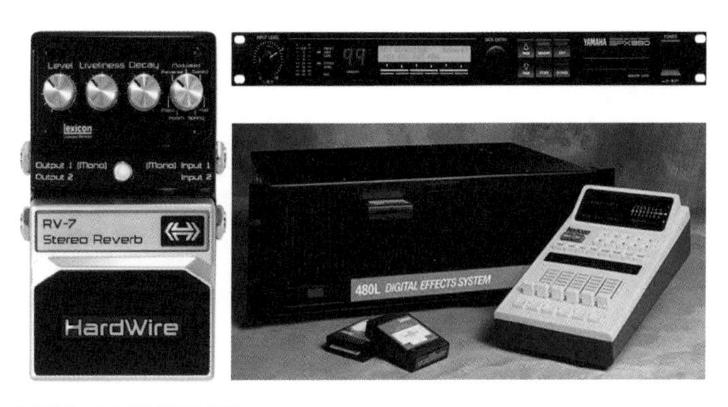

그림 3-13 리버브 비교

렉타입의 리버브는 Stompbox 방식 보다는 다양한 공간 환경과 가변적인 환경 변화에 따라 표현할 수 있는 범위가 넓다 할 수 있습니다.

그렇다면 Stompbox는 기능적으로 부족하게 설계된 것이냐? 라고 묻는다면 그렇지 않다고 말하고 싶습니다. Stompbox는 작은 크기에도 불구하고 다양한 음색을 단일 악기에 충분히 부여할 수 있다는 점과 짧은 시간동안 장비를 ON/OFF 하는 관계로 즉시 반응이 렉타입의 리버브 보다 월등하다고 할 수 있습니다.

랙

각종 음향관련 기기들을 안전하고 정확하게 거치하기 위해 표준규격(폭: 19inch=48.26cm, 높이: 1u=46mm, 1랙=2.2m 를 지칭)으로 제작된 보관함 또는 거치 장소로서 용도에 따라 서류가방 크기부터 서랍, 책장 등 필요에 따라 다양한 형태로 제작됩니다.

http://rdn.harmanpro.com/product_documents/documents/277_1349992765/RV-7_Manual_5024339-B_original.pdf

QR코드 스캔하면 설명서 페이지로 바로 이동합니다

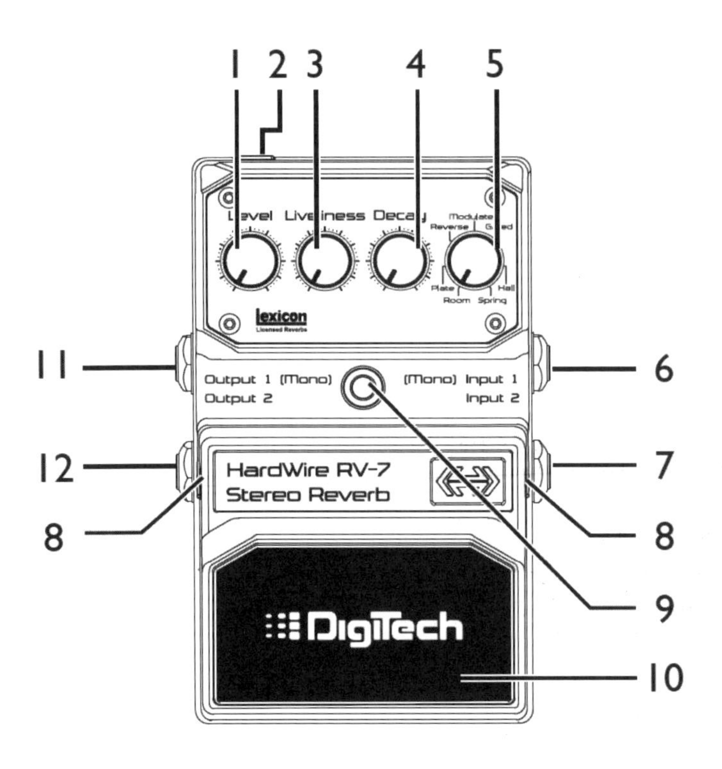

그림 3-14 Stompbox 리버브 설명

그림 3-14

1번 리버브의 볼륨 크기를 조정하는 스위치입니다. stompbox에 입력되는 신호의 크기를 설정하는 스위치 입니다.

3번 컴프레서와 리버브의 차이를 보여주는 스위치로 리버브의 소리는 원음과 리버브를 통해 변화된 소리가 합해서 하나의 음원이 되는 것입니다. 종종 리버브를 통과한 음원만 사용하는 경우가 보이는데 잘못된 사용법입니다.

4번 리버브 소리를 얼마나 빨리 감소시킬 것인가 결정하는 스위치 입니다. 빨리 감소시킬수록 울림이 적고 공간이 작다고 느끼게 됩니다.

5번 리버브가 발생하는 공간을 설정하는 스위치입니다. Hall은 공연장과 같은 곳에서 발생하는 울림을 비슷하게 표현한 소리, Spring은 길이가 긴 스프링에 소리를 방사해서 반사되는 소리, Plate는 넓은 철판에 소리를 방사해서 수집한 소리, Modulation은 신호를 주기적으로 떨리게 만들어 효과를 주는 음색, Reverse는 잔향을 반대로 만들어서 효과를 주는 음색, Gate는 리버브와 게이트의 조합으로 일정 레벨 이하의 음원은 리버브 음색이 시작되지 않습니다.

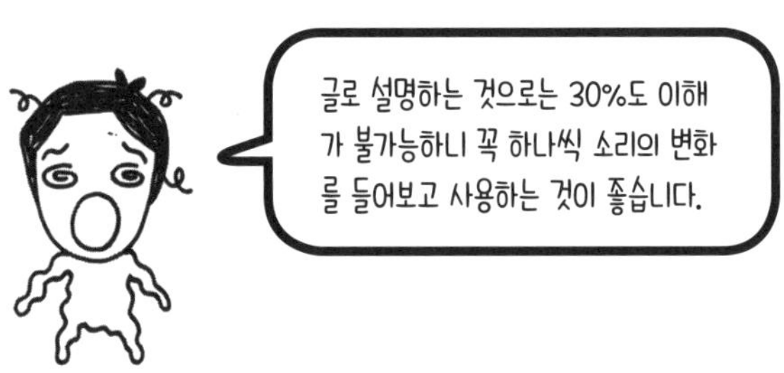

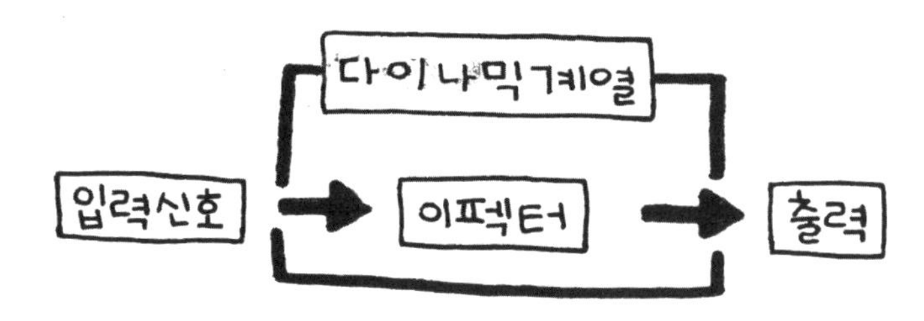

그림 3-15 컴프레서 설치 방법

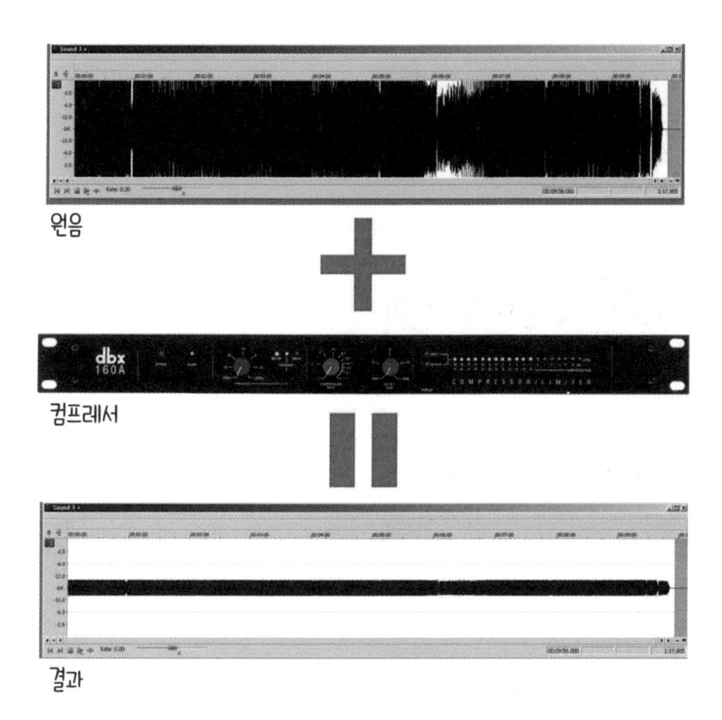

그림 3-16 컴프레서의 음향 변화

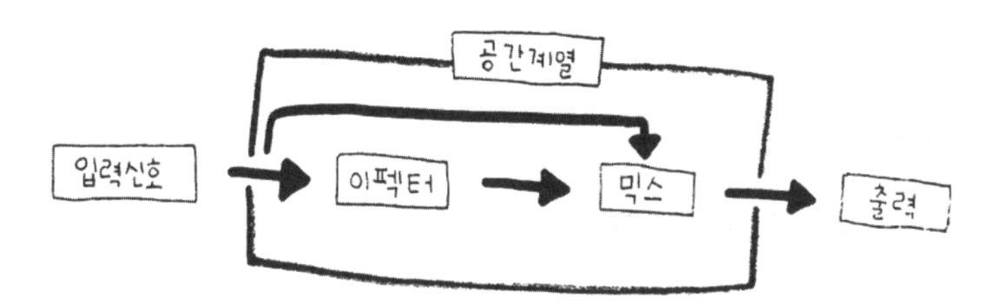

그림 3-17 리버브 음향 경로

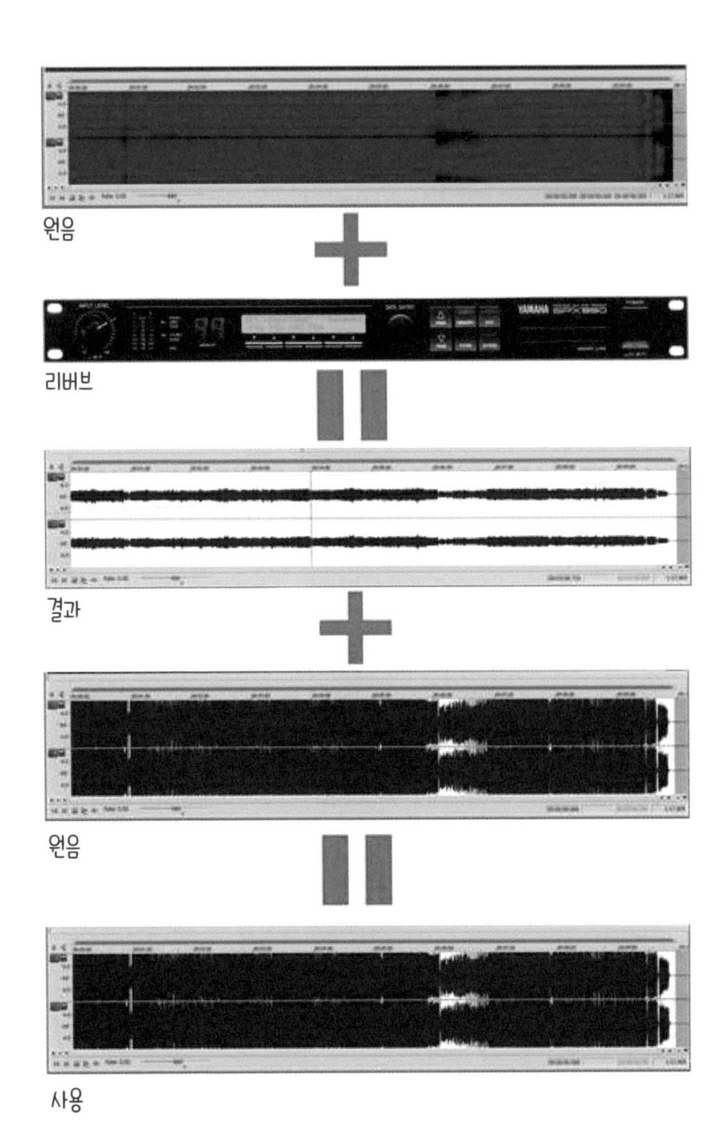

그림 3-18 리버브 음원 음향 변화

컴프레서와 리버브 딜레이 모두 제작 회사와 연결 방식에 따라 소리의 특성이 변화하게 됩니다. 주변에서 이렇게 사용하면 이런 소리가 난다는 조언에 의지하기 보다는 직접 연주하고 조절하면서 자신의 음색을 찾는 것이 중요합니다.

3-5 기타 앰프란?

일렉, 베이스 기타 소리를 듣기 위해서는 각 악기에 적합한 스피커와 앰프를 통해 소리를 증폭해야만 합니다.

일반적인 통기타의 경우에는 울림통이 있어서 증폭용 스피커와 앰프가 없이도 큰 소리는 아니지만 일정 공간에 음향을 전달할 수 있지만 전기를 이용한 기타와 베이스 기타는 전기적인 스피커와 앰프의 증폭이 없이는 음향을 전달할 수 없습니다. 그렇기 때문에 StompBox의 사용만큼 중요한 것이 앰프를 통한 소리의 조절입니다.

개인적인 경험에 비추어 악기 연주자들은 음색을 만듦에 있어서 Stomp Box의 활용은 매우 중요하게 생각하지만 앰프를 통한 음색 조절은 소홀이 하는 경우가 많이 있습니다. 그렇기 때문에 이 챕터에서는 매뉴얼을 통해 앰프를 최대한 활용할 수 있는 법을 배우도록 하겠습니다.

일명 일렉 기타 앰프(베이스 앰프 포함)는 정확하게 표현하자면 기타 소리를 증폭해주는 앰플리파이어 부분(통칭 헤드)과 증폭된 전기 신호를 소리로 바꿔주는 스피커 부분(통칭 케비넷)이 일체형으로 이뤄져 있습니다. 하지만 편의상 일렉 앰프라고 부르면 증폭 부분과 스피커 부분이 합쳐진 형태를 말하는 경우가 많습니다.

그림 3-19 기타 앰프

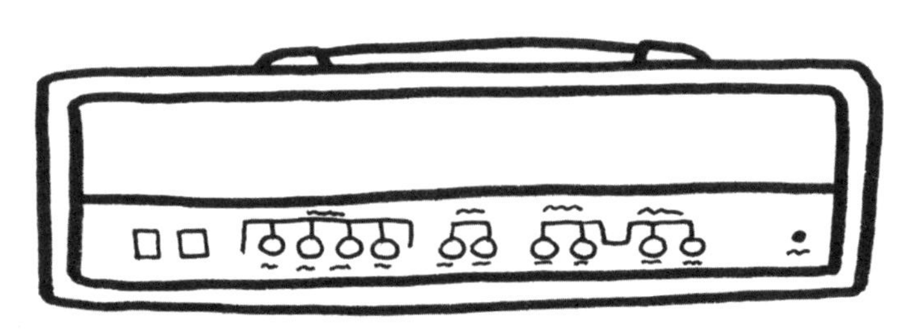

그림 3-20 기타 앰프 증폭 헤드

DSL 100 & DSL 50 Front Panel functions

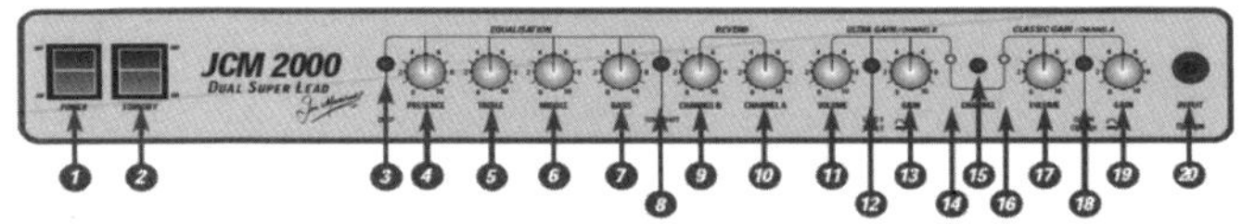

DSL 100 & DSL 50 Rear Panel functions

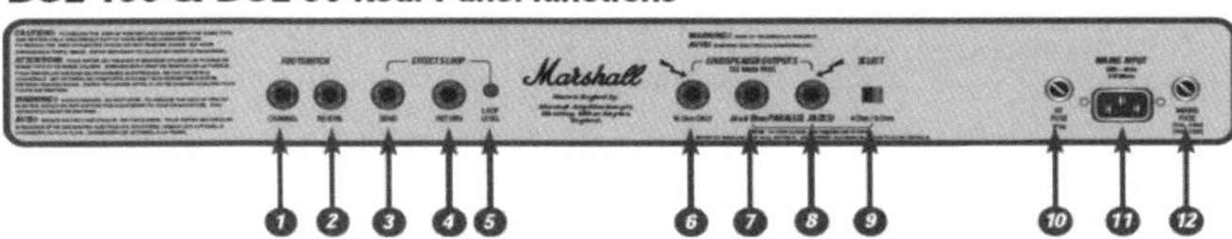

그림 3-21 헤드 스위치 설명

JCM2000 진공관 앰프

http://backlinerentalnederland.nl/wp-content/uploads/2014/01/Marshall_JCM2000_DSL100.pdf

QR코드 스캔하면 설명서 페이지로 바로 이동합니다

기타 앰프로 많이 사용되는 JCM2000 진공관 앰프를 기준으로 설명해 보겠습니다.

1번 Power Switch 전원 ON, OFF 스위치입니다. 진공관 앰프의 예열 파워 스위치를 ON하면서 시작합니다.

2번 Standby Switch 스탠바이 스위치를 ON 해야 앰프가 정상작동하기 시작합니다. 스탠바이 스위치만 OFF 하면 진공관은 가열된 상태를 유지하면서 기타 앰프 동작이 일시 휴식에 들어갑니다.

3번 Deep Switch 와 4번 Presence Control은 JCM2000앰프 고유의 저음과 고음을 관리해주는 스위치 입니다.

5번 Treble Control 은 고음을 조절해 주는 스위치로서 시계 방향으로 돌리면 고음이 증가하고 반시계 방향으로 돌리면 감소하게 됩니다. 12시 방향에 위치해 있을 경우 아무런 동작도 하지 않는 기준점이 됩니다.

일반적으로 8Khz 이상의 고역대를 증가시키게 되면 소리가 명료도가 상승하고 정확한 피치의 음색을 발생시키는 것으로 착각하게 될 경우가 많습니다.

6번 Middle Control 은 5번 스위치와 동일하게 동작하지만 영향을 미치는 음역대가 고음이 아닌 중음대를 증가하고 감소합니다. 중음대가 증가하게 되면 청각적으로 묵직한 느낌의 음량이 증가하고, 감소하게 되면 소리가 얇고 가늘어지는 느낌을 주게 됩니다. 지나치게 많을 경우 지저분한 음향이 될 수 있습니다.

7번 Bass control 은 중음보다 더 낮은 저음을 조절하는데 저음이 많을 경우 과도한 울림으로 느껴지는 경우가 있습니다.

8번 Tone Shift 는 특수 스위치로 6번의 미들레이지의 양을 좁게 조절할 수 있게 설정해 주는 스위치 입니다.

9번 Channel B 와 10번 Channel A 는 채널 B와 A의 리버브양을 조절해 주는 스위치 시계 방향으로 돌릴 수록 리버브의 양의 많아져서 기타 소리가 더 많이 울리게 됩니다.

11번 Volume은 채널 B의 볼륨 및 특성을 조절해주는 스위치 입니다.

11번 부터 16번 까지는 채널B와 관련된 음향을 조정하는 스위치로 조금 더 강력한 출력과 입력을 필요로 할 때 사용하는 채널입니다.

17번 부터 19번 까지는 채널A에 해당하는 볼륨 및 특성을 조절해주는 스위치로 전통적인 게인과 출력을 위해 사용합니다.

20번 Input 은 기타에서부터 앰프로 입력되는 음성신호의 크기를 조절해주는 스위치로, 시계 방향으로 돌리면 볼륨이 점점 커집니다.

가끔 StompBox를 사용하는 연주자 중 잡음 때문에 고생하는 경우를 발견하는데요, 대부분 접지가 되지 않은 전기선을 사용하거나 기타에서 출력을 너무 작게 설정하고 부족한 음량을 StompBox에서 볼륨이나 컴프 게인 또는 기타 볼륨 조절 장치에서 과도하게 증폭하여 내부 잡음이 같이 증폭되는 경우 발생하는 잡음입니다.

개인적으로 악기의 출력은 최대한 70% 수준을 유지하고 (StompBox 입력측에 과부하가 발생하지 않는 수준에서) 연결이 많을수록 소리의 증폭을 최소화 하는 것이 잡음을 줄이는 것이 좋은 방법 같습니다.

입력이 너무 약하게 되면 앰프 내부에서 발생하는 전기 잡음(아무리 정밀한 기계라도 내부에서는 220V 60Hz의 전원을 사용할 경우 60Hz의 잡음이 발생하고 있습니다.)이 증폭될 수 있고 너무 크게 받아들이게 되면 앰프가 받아들일 수 있는 전기 양을 초과하여 앰프에 무리를 줄 수 있으니 항상 표시등을 확인하여 적당한 양을 받는 것이 중요합니다.

그림 3-22 케비넷

3-6
드럼은 어떻게 해야 할까요?

그림 3-23 드럼 마이크 설치

밴드를 구성하여 음악을 연주하기 시작한 후 드럼은 박자와 긴장감을 담당하는 매우 중요한 악기 중 하나가 되었습니다. 드럼은 일렉, 베이스, 피아노, 보컬 등과는 비교할 수 없을 정도로 큰 음압을 보유한 악기이기 때문에 과거 녹음을 통한 앨범 제작을 할 경우 녹음용 마이크에서 가장 먼 위치에서 연주하여 자연적인 소리의 감소를 유도했습니다.

20세기 들어서면서 악기별 독립 녹음을 추구하는 경향이 강해지면서 드럼 녹음은 과거와 달리 최대한 많은 마이크를 서로 간섭 없이 설치하여 엔지니어에 의해 각 북과 심벌의 음압을 녹음 후 조절할 수 있는 여지를 많이 부여하는 것이 중요해 졌고, 음향 시스템의 발전과 대규모 행사가 빈번히 발생하면서 공연 음향에서도 드럼 마이크 설치가 매우 중요한 부분으로 인식되기 시작했으며, 많은 부분 녹음에 사용되는 마이크 설치 방식을 적용하여 음악적인 완성도를 높이는 멀티 마이크 방식이 선호되고 있습니다.

그림 3-24 간단하게 설치한 드럼 마이크

음악의 종류에 따라, 연주자의 습관에 따라 또는 여건에 따라 마이크의 수량과 설치 위치는 다양하게 변화할 수 있습니다.

녹음 스튜디오에서 마이크를 최대한 많이 사용하는 이유는 좋은 소리를 추출하기 위한 노력도 있지만 짧은 시간 안에 최대한 많은 녹음을 진행하기 위해 다양한 음원을 미리 확보하여 연주가 끝난 후에도 수정이 용이하도록 하기 위한 경제적 이유도 있습니다.

가장 중요한건 연주자도 만족하고 엔지니어도 만족하는 좋은 소리를 찾는 것입니다.

그림 3-25 드럼 멀티 마이킹

그림 3-24

https://www.sweetwater.com/insync/how-to-mic-drums-for-recording-part-3-multiple-microphones/

QR코드 스캔하면 설명서 페이지로 바로 이동합니다

더불어 과거에 비해 드럼 연주 음향이 직접 청중에게 전달되는 것보다는 음향 엔지니어를 통해 완벽하게 정돈되고 음악 종류에 적합한 음색을 완성하기 원하는 연주자들의 요구에 부합하여 드럼을 차음하고 드럼 전용 마이크와 엔지니어의 기술, 메인스피커의 음향을 최대한 활용하여 드럼 소리를 사용하는 방법이 점점 선호하는 추세입니다.

그림 3-26 드럼 차음

그림 3-27 소규모 공연 드럼 마이크 생략

그림 3-27

http://www.soundonsound.com/techniques/engineering-drums-live-part-one

QR코드 스캔하면 설명서 페이지로 바로 이동합니다

그림 3-28 연주자의 특성에 따라 셋팅

그림 3-28

http://fohonline.com/ci/50-production-profile/14409-black-sabbaths-swan-song.html

QR코드 스캔하면 설명서 페이지로 바로 이동합니다

과거에 드럼 마이크는 별도로 특별하게 존재하지 않았지만 녹음 작업용 마이크를 중심으로 저음 수음이 잘되는 킥 전용 마이크와 고음 수음이 잘되는 오버헤드 마이크, 연주자들에게 방해가 최소화 될 수 있는 탐 전용마이크 등이 활발하게 개발되고 판매되고 있습니다.

그림 3-29 드럼 마이크

그림 3-30 드럼 전용 마이크 구성

이제 드럼은 공연 음향에서 가장 많은 마이크를 필요로 하는 악기 중 하나가 되었으며 그만큼 잡음과 간섭이 발생하지 않는 소리를 만들기 쉽지 않은 악기가 되었습니다.

특히 드럼 연주자들의 경우 마이크 없이 연주하는 소리와 마이크를 통해 스피커에서 발생하는 소리. 그리고 본인의 모니터를 통해 청취하는 소리의 차이에 대해 어려움을 호소하는 경우가 있는데 동업자의 마음으로 드러머의 요구사항과 기술적 어려움을 잘 받아들여 최상의 소리를 만들어 가는 과정이 필요합니다.

그림 3-31 킥에 구멍 없이

그림 3-32 드럼 비터 바로 앞

그림 3-31

http://www.drumchat.com/showthread.php/16357-Recording-Bassdrum-with-no-port-hole

QR코드 스캔하면 설명서 페이지로 바로 이동합니다

그림 3-32

http://fullondrums.com/2015/session-report-wjeff-bowders/

QR코드 스캔하면 설명서 페이지로 바로 이동합니다

그림 3-33 Hole 중간에 걸쳐서

그림 3-34 Out of hole

일반적으로 킥 마이크는 드럼에서 가장 낮은 소리를 담당하는 중요한 마이크입니다.

150Hz 근방을 가장 힘 있는 음색으로 생각할 수 있는데, 음악의 장르, 드러머의 연주 방법에 따라 동일한 드럼, 동일한 튜닝 상황에서도 전혀 다른 음색을 보여주기도 합니다. 일반적으로 컴프레서를 통해 음압을 일정하

그림 3-33

https://elliotlaws.wordpress.com/2013/03/17/microphone-placement-kick-drum/

QR코드 스캔하면 설명서 페이지로 바로 이동합니다

그림 3-34

http://www.rexbass.com/2012_08_01_archive.html

QR코드 스캔하면 설명서 페이지로 바로 이동합니다

습관적으로 아웃보드와 EQ를 조절하기 이전에 마이크 설치 직후 최초의 원음을 들어보고 조금씩 설정값을 변경하는 자세가 필요합니다.

게 만들어 주고, 게이트를 통해 잡음을 차단하는데 너무 과감하게 컴프레서와 게이트를 설정할 경우 킥의 음색이 답답하게 생각되고 더 심하면 끊겨 들리는 현상이 발생할 수 있습니다.

킥드럼이 드럼의 감성적 차원에 가깝다면 스네어 드럼은 드럼의 색깔에 가깝다고 생각합니다. 스네어 드럼을 통해 정확한 박자와 리듬감을 표현할 수 있고, 스네어 드럼 소리가 일반적인 청취자들에게 가장 잘 전달되기 때문입니다.

전통적인 스네어 드럼 마이크의 강자는 가격대비 성능이 최고인 SM57 마이크라고 생각되지만, 드럼 전용 마이크 셋트가 활발하게 출시되면서 각 회사별 제품 모두 각자의 음색과 장점을 갖고 있습니다. 스네어 드럼마이크의 경우 저음보다는 중, 고음 대역대의 음색을 잘 수음하는 마이크가 좋으며, 음압이 강하기 때문에 콘덴서 마이크 보다는 다이나믹 마이크를 선호합니다.

특히 스네어, 탐, 심벌의 경우 실수로 연주자가 직접 타격이 가능하기 때문에 마이크 설치 시 연주자의 연주 습관도 파악하는 것이 좋습니다.

스네어 드럼 마이크는 북의 위쪽에 마이크를 설치하기도 하고, 마이크를 설치할 수 있는 여유가 있다면 위, 아래에 동시 설치하여 북 위쪽의 소리와 아래쪽 소리를 콘솔에서 적절히 섞어서 더 좋은 소리를 만들기도 합니다.

다만 위, 아래 동시에 마이크를 설치할 경우 서로 반대되는 위상의 소리를 수음하여 오히려 소리가 안 좋아질 수 있으니 주의가 필요합니다.

북 아래 쪽에 마이크를 추가 설치할 경우 스네피의 소

그림 3-35 스네어 드럼 마이크 설치

그림 3-35

http://www.thegeargetter.com/news/2014/11/7/13-correct-ways-to-mic-up-a-drum-kit

QR코드 스캔하면 설명서 페이지로 바로 이동합니다

리를 잘 수음할 수 있어서 스네어 특유의 청명한 소리를 표현하는데 도움을 받을 수 있습니다.

탐탐 마이크는 좋은 소리 수음도 중요하지만 필자의 경험상 스틱으로 타격 받더라도 잘 고장 나지 않는 견고성도 매우 중요합니다.

탐탐 중에 14인치 이상의 크기를 베이스 탐탐 또는 플로어 탐탐이라 부르는데 가장 저음의 탐탐은 200Hz에서 시작해서 가장 고음의 탐탐은 800Hz까지 담당합니다.

그림 3-36 탐 마이크 설치

탐탐 마이크는 일반적으로 스네어와 비슷하게 셋팅을 하는데 금속 엣지 부근에 마이크 헤드가 향하게 하고 주먹 하나 들어갈 정도의 거리를 둡니다.

MEMO

JAZZBOX
ACOUSTIC
RESO
CUSTOM 2

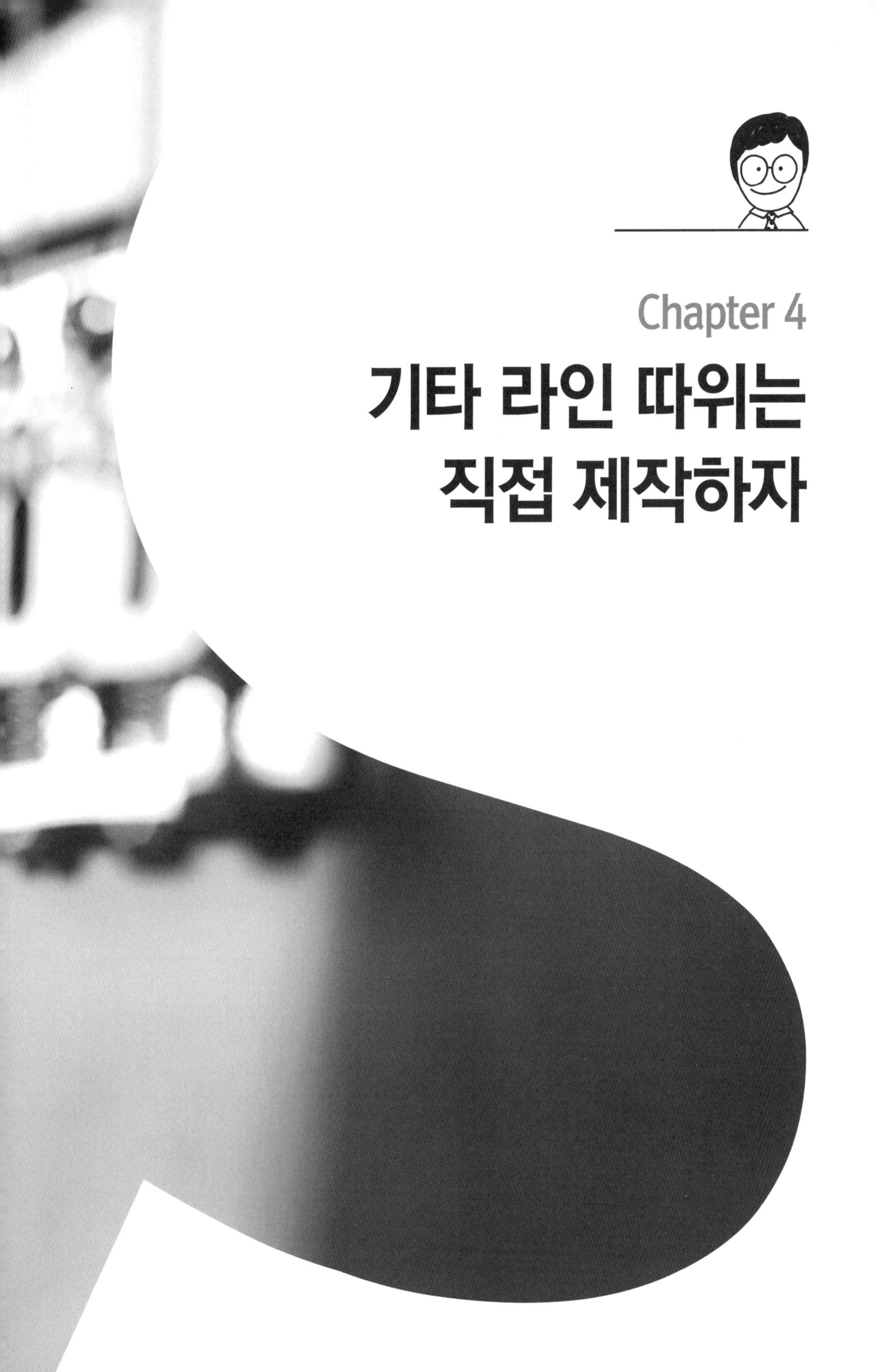

Chapter 4

기타 라인 따위는 직접 제작하자

다양한 악기 연주에 필수적인 것이 몇 가지 있는데 소리를 증폭해줄 수 있는 앰프, 증폭된 전기 신호를 음향으로 바꿔주는 스피커 이것만큼 중요한 것이 악기에서 앰프로 소리를 전달하는 음향 라인일 것입니다.

최근에는 다양한 인터넷 사이트를 통해 음향 라인을 구입할 수 있지만 납땜 수준에 대한 의문과 연주자의 필요에 의해 맞춤형 길이와 특성을 확보하기 쉽지 않기 때문에 멀티 이펙터를 구성할 경우 또는 연주 공간에 합당한 길이의 라인을 제작할 수 있는 능력을 확보하는 것도 좋은 방법입니다.

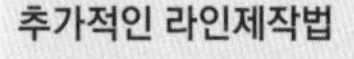

http://blog.naver.com/dongday/70074526315 참고 하세요.

QR코드 스캔하면 설명서 페이지로 바로 이동합니다

악기에서 최초 증폭 구간까지 전기 신호를 전송하는 라인의 종류는 XLR(캐논)과 TRS(55)라는 두 개의 큰 종류로 구분할 수 있는데 XLR의 경우 발란스 방식으로만 사용 가능하고, TRS의 경우 TRS는 발란스 방식 TS는 언발란스 방식으로 구분할 수 있습니다.

TRS와 TS의 가장 쉬운 구분 방법은 TIP부분에 줄이 2줄이 그어져 있으면 TRS방식이고 1줄 그어져 있으면 TS방식입니다.

연주자들은 마이크 라인을 제작할 일은 많지 않고 사용하는 장비 대부분이 라인 레벨로 운용되기 때문에 기본적인 4종류의 라인 중 가장 많이 사용하는 TS라인 제작에 대해서만 알아보겠습니다.

● 주의사항

1. 납땜을 시작하기 전 항상 인두의 팁은 청결한 상태를 유지합니다.

2. 인두기의 경우 고온이 발생하기 때문에 화상 및 기타 위험에 노출 될 수 있습니다. 항상 작업 전, 후 정리정돈이 필요합니다.

3. 라인 제작 시 필요한 부수품들을 항상 미리 준비해 놓습니다.

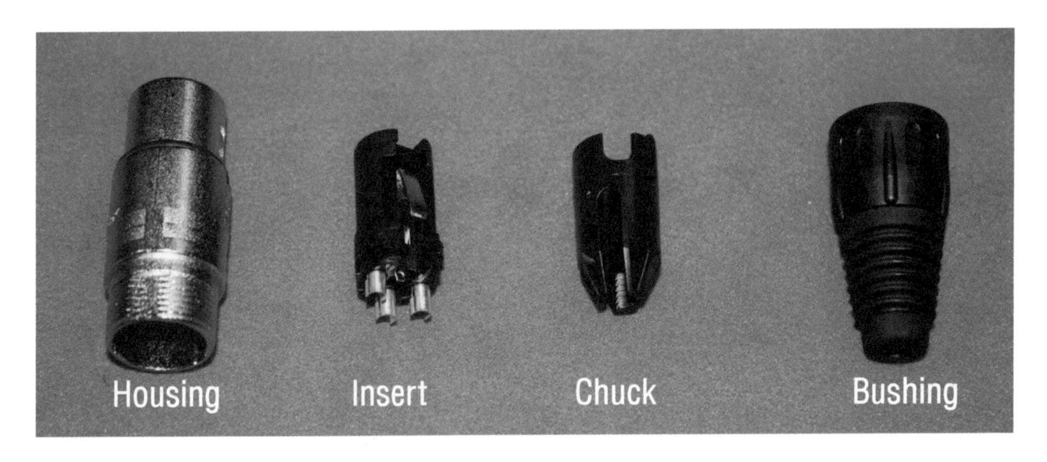

그림 4-1 XLR 암

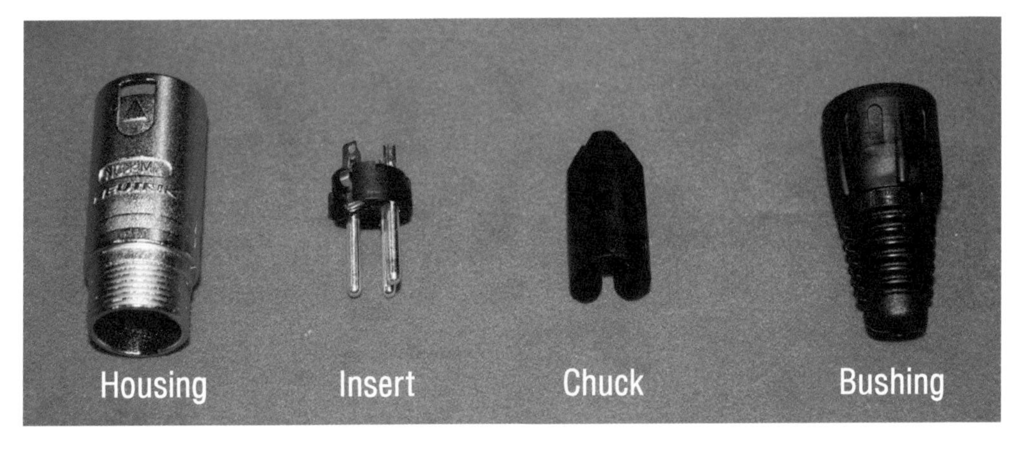

그림 4-2 XLR 수

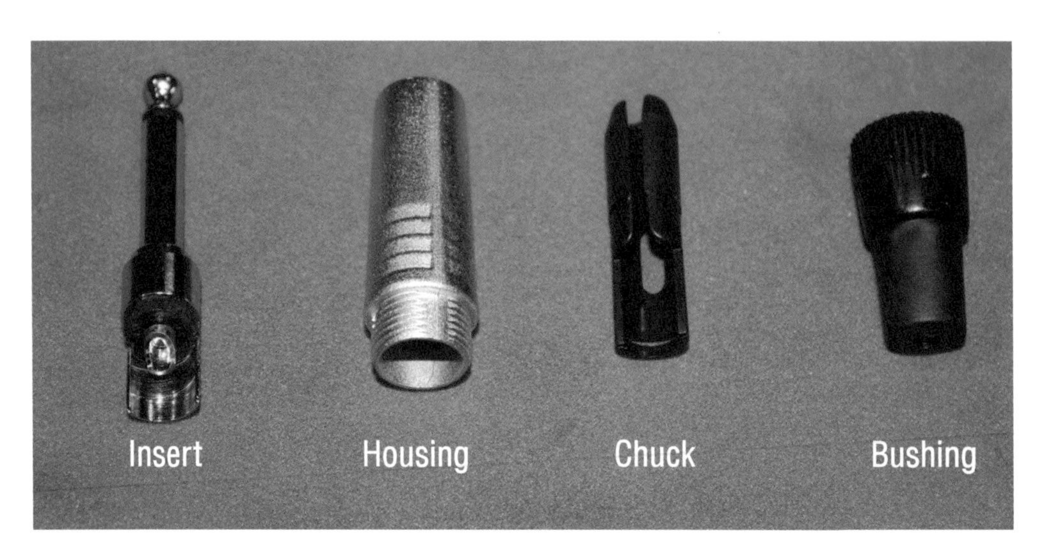

그림 4-3 TS 팁

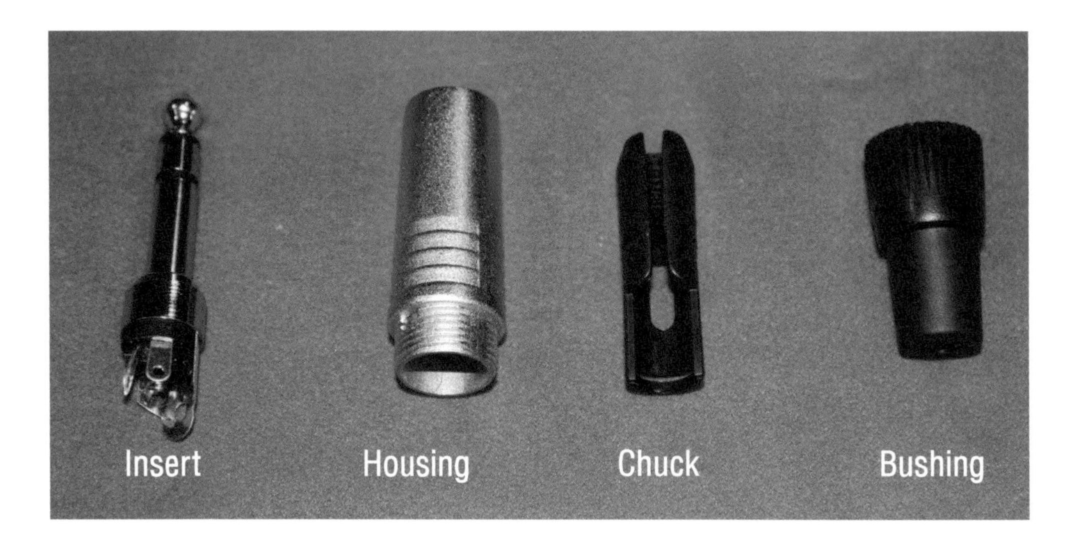

그림 4-4 TRS 팁

구글 이미지에서 **mic cable**을 검색해봐요.

그림 4-4-1 음향 라인 피복 내부 그림 **4-4-2** 편조 쉴드

그림 4-4-2

https://www.google.co.kr/search?q=mic+cable&biw=1600&bih=776&source=lnms&tbm=isch&sa=X&ved=0ahUKEwiZ2b6pn7fSAhXliFQKHYDgCwQQ_AUIBigB#imgrc=s39lqdzA69fgwM:

QR코드 스캔하면 설명서 페이지로 바로 이동합니다

일반적으로 음향 전송을 위한 라인은 쉴드와 +-로 구성된 3선 라인을 주로 사용하는데, 기타, 신디사이저, 베이스 기타등에 연결하여 사용하는 TS 언발란스 방식으로 라인을 제작할 경우 3가닥의 선로 중 쉴드선과 -선을 서로 묶어주고 견고성을 위해 납땜을 통해 1개의 라인으로 제작한 후 작업을 진행합니다.

1. 음향라인 적당량
2. 라인을 정리할 니퍼
3. 쉴드선을 정리할 송곳
4. Tip을 고정할 수 있는 장비
5. 라인을 납땜할 인두
6. 라인을 고정할 수 있는 납
7. 인두기 팁에 뭉치는 납을 정리할 수 있는 도구

그림 4-5 음향 라인 제작 전 필요 도구

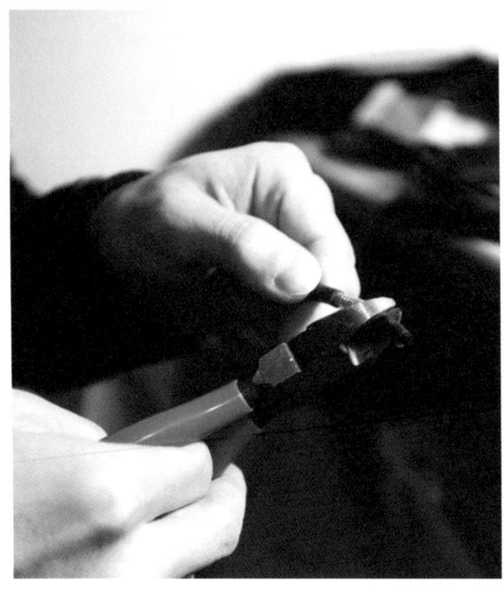

그림 4-6 니퍼를 이용한 외피 제거

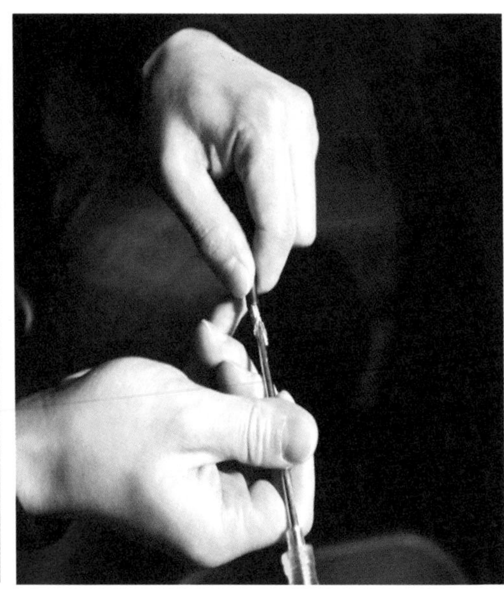

그림 4-7 접지선 정리

1. 우선 외피에 니퍼를 이용해서 자국을 만듭니다. (너무 힘을 주어 깊이 만들면 내부에 단선이 발생할 수 있습니다.)
2. 자국을 이용하여 바깥쪽으로 힘을 주면 뜯어지듯이 외피가 벗겨 집니다. (2cm 정도가 적당 합니다)

외피를 벗겨내면 내부에 백색선과 붉은색선 그리고 접지선 3가닥이 보이는데 접지선은 꼬아서 하나의 선으로 만들어 줍니다.

그림 4-8 불필요한 선 정리

쉴드들을 분리하면 내부에 하얀색의 실이 나오는데 실은 니퍼로 잘라서 제거해 줍니다.

그림 4-9 심선 가닥 정리

실을 잘라주면 위의 그림과 같이 3가닥이 남게 되는데요, 발란스 라인을 제작할 경우 3가닥 모두 필요하고 언발란스 케이블을 제작할 경우에는 위의 3가닥중 -와 쉴드선을 함께 묶어 줍니다.

그림 4-10 언발란스 라인 제작

언발란스 케이블을 제작할 경우에는 위의 3가닥 중 -와 쉴드선을 함께 묶어줍니다. 라인의 견고성과 작업의 편리함을 위해 심선에 납을 입혀줍니다.

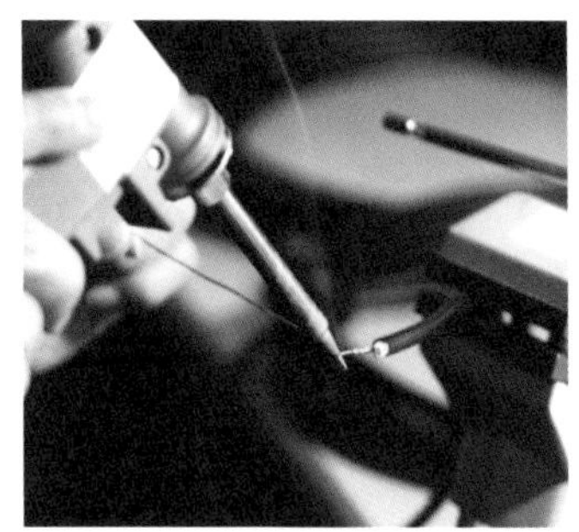

그림 4-11 심선에 납

그림 4-12 라인 끝단 정리

납을 입힌 라인은 절연체에서 2mm가량 남겨주고 잘라줍니다. 절연이 되지 않은 부분이 길면 길수록 합선 위험이 증가합니다.

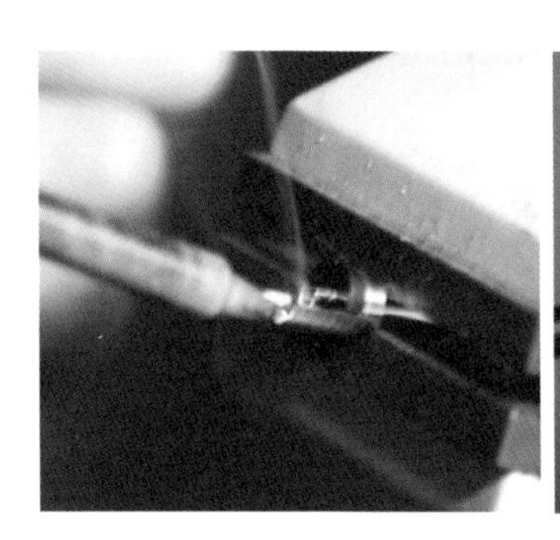

그림 4-13 Insert 준비

그림 4-14 납땜 순서

Insert 부분에도 납을 약간 녹여두어 라인이 접합되기 쉽도록 준비합니다.

순서는 크게 상관없지만 Insert의 아래에 위치한 - 와 쉴드 부분을 먼저 연결하고 위에 위치한 +부분을 연결하면 작업하기 조금 편리합니다.

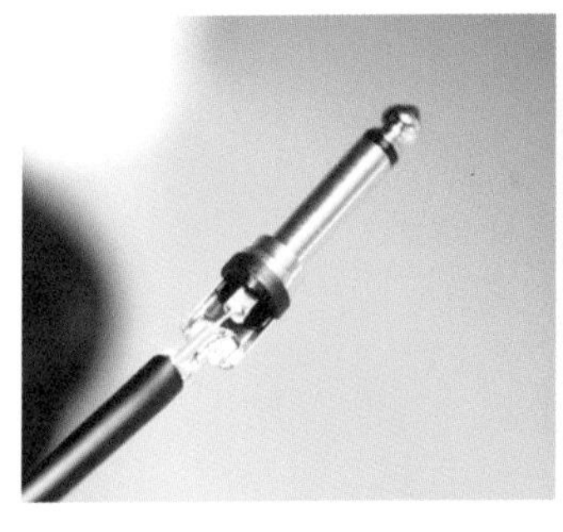

그림 4-15 납땜 완료

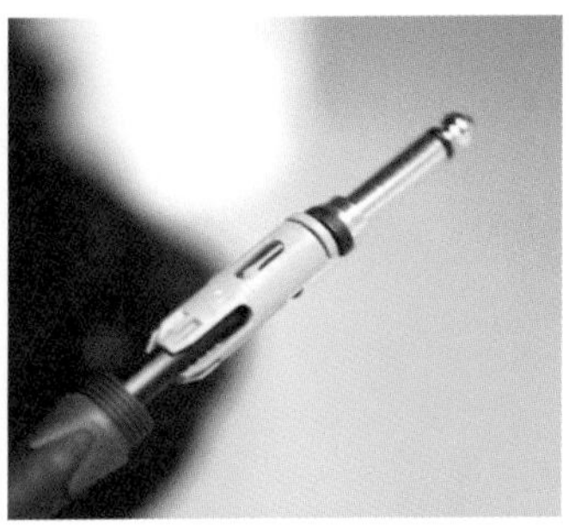

그림 4-16 Chuck과 Bushing

납땜 완료, 하우징을 장착하기 전입니다. 한번 더 말씀드리는데, 니퍼로 라인을 자르기 전에 꼭 라인에 좌측 하단에 보이는 Chuck과 Bushing을 미리 꼭 끼워 주세요 !!

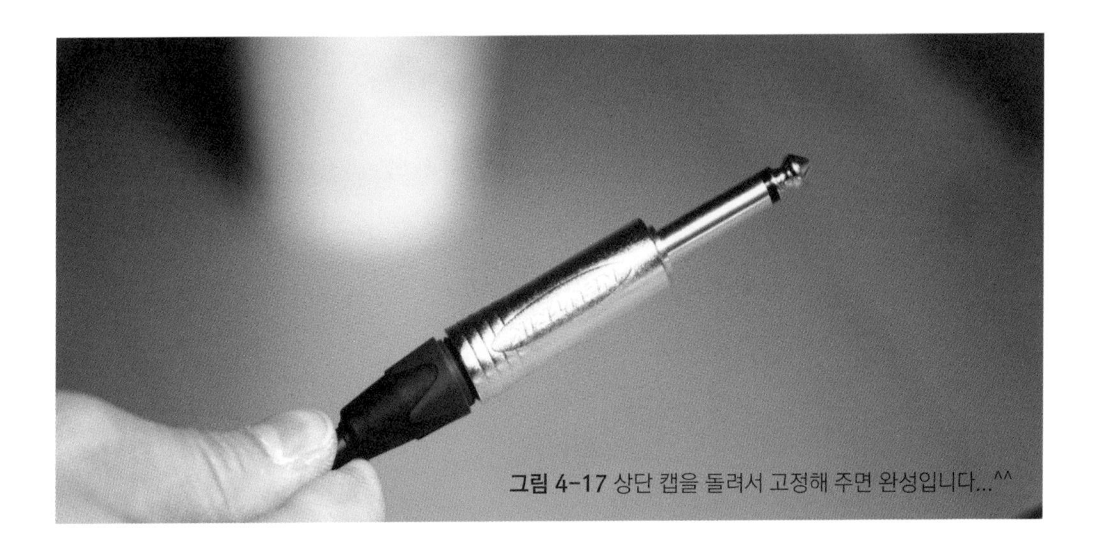

그림 4-17 상단 캡을 돌려서 고정해 주면 완성입니다...^^

Chapter 5
간단하게 녹음하기

5-1
라이브 레코딩은 무언가요?

음향을 크게 나눈다면 스튜디오를 중심으로 앨범을 제작하는 레코딩 분야와 공연현장을 중심으로 이뤄지는 PA분야 두 가지로 구분할 수 있습니다. 일반적인 고정된 장소에서 운영하는 PA 시스템을 인스톨(install) 운영한다고 말하기도 합니다.

과거에는 레코딩과 PA는 장비의 구조나 활용법이 전혀 달라서 자연스럽게 서로 넘어 올 수 없는 분리된 분야였습니다. 하지만 음향 장비의 디지털화와 녹음 장비의 소형화가 가능해 지면서 두 분야의 기술적 경계가 점점 희미해 지고 있습니다.

레코딩 엔지니어 훈련된 사람이 음악가와의 친분으로 라이브 공연에서 메인 엔지니어 임무를 수행하기도 하고 라이브 음향 엔지니어가 공연 녹음을 통해 앨범을 제작하기도 하면서 기술자를 통한 구분도 점점 애매해졌습니다. 일부 라이브 디지털 콘솔의 경우 장비와 소프트웨어의 개발 초기에는 녹음용으로 개발되었지만 다양한 업그레이드를 통해 라이브 음향 분야에서도 많이 사용되고 있는 경우를 볼 수 있고, 라이브 전용 콘솔로 개발된 일부 장비들은 좋은 증폭도와 합리적인 가격으로 녹음 스튜디오 각광받는 경우도 있습니다.

그림 5-1 Venue

그림 5-2 Venice

라이브 현장에서 사용되는 디지털 방식의 녹음을 하드웨어를 기준으로 크게 두 부분으로 나누면 컴퓨터를 이용한 녹음 방식과 하드 드라이브를 활용하여 과거 아날로그 녹음 장비의 사용법을 동일하게 적용한 디지털

그림 5-1

seauncut.wordpress.com

QR코드 스캔하면 설명서
페이지로 바로 이동합니다

그림 3-34

www.audiocity2u.com

QR코드 스캔하면 설명서
페이지로 바로 이동합니다

Venice

Venice 콘솔은 소형 라이브 음향콘솔로 개발되었지만 잘 설계된 마이크 프리와 충분한 아웃풋으로 소형 스튜디오에 녹음용 콘솔로 많이 사용되고 있습니다.

MTR(Multi Track Recorder)로 구분할 수 있을 것입니다.

디지털 레코딩 시대에 라이브 공연을 녹음하는 여러 가지 방법을 3가지로 정리하고자 합니다. 먼저 녹음 전용 하드웨어를 사용하여 녹음하는 방식이 있습니다.

대표적인 장비로는 Alesis사의 HD24를 꼽을 수 있는데 다수의 트랙을 동시에 녹음하는데 효과적이며, 개인컴퓨터를 사용하여 녹음하는 방식에 비해 녹음 작업 확인에 대한 가시성은 떨어지지만, 설치공간이 절약되고 운용이 쉽고 안정도가 높습니다.

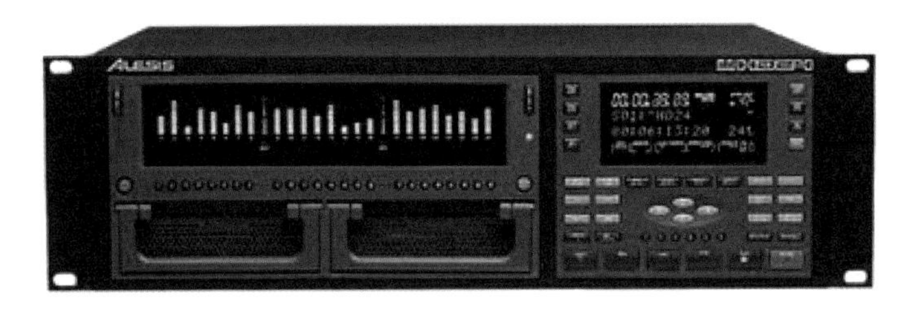

그림 5-3 HD 24

컴퓨터를 이용한 녹음 방법 중 가장 저렴하고, 쉽게 시도할 수 있는 방법은 개인컴퓨터(PC)에 기본적으로 내장된 사운드 카드를 사용하고 인터넷을 통해 무료로 다운받을 수 있는 프로그램들을 활용하는 방법이 있습니다.

편집이 어렵고, 음질이 떨어지기는 하지만 비용 대비 효과는 가장 좋은 방법이라고 생각합니다. 마지막 방법은 좀 더 전문적이고 비용 지출을 감당해야 하는 외장형 인터페이스를 구입하여 연결하고, 유료 판매하는 전문 프로그램을 이용하는 방법이 있습니다.

현재 라이브 녹음방식은 위의 3가지로 정리 할 수 있는데, 가장 저렴한 개인컴퓨터를 활용한 녹음 방법부터 전문 녹음 스튜디오에서 활용되는 방법까지 알아보겠습니다.

5-2
개인컴퓨터를 이용한 레코딩

과거에 개인컴퓨터를 통한 녹음이나 음향을 듣기 위해서는 사운드, 오디오 카드를 추가 설치해서 지원을 받아야 했지만 현재의 개인용 컴퓨터의 경우에는 마더보드(Mother Board)에 기본적으로 음성과 영상에 대한 지원 기능이 내장되어 있습니다.

먼저 컴퓨터 마이크 인풋이나 라인 인풋은 음향 전문 장비에 사용되는 TRS 나 XLR 방식을 사용하지 않고 3.5인치 잭을 사용하기 때문에 TRS 나 XLR을 사용해야 할 경우 한쪽 부분을 3.5인치 형태로 전환할 필요가 있습니다. 인터넷에 찾아보면 3.5인치 미니스테레오 젠더나 완성품을 다양하게 판매되고 있으므로 이를 이용하여 한쪽 끝은 TRS 반대편은 3.5 방식으로 구성된 라인을 제작 또는 구입하고, TRS 나 XLR은 콘솔 아웃풋 중 한 곳에(AUX, MONO OUT, GROUP OUT) 연결합니다.

그림 5-4 PC의 MIC IN, 스피커 OUT, 라인IN(현재는 스피커 아웃에만 연결되어 있다.)

그림 5-4에서 MIC는 마이크 레벨로 소리 입력은 받는 부분이고 IN 은 라인 레벨로 입력을 받습니다. 마이크 레벨은 증폭이 많이 되어 마이크를 연결해서 사용하는 것이 좋고 라인 레벨은 큰 소리를 입력 받기 때문에 출력이 강한 외부장비 (헨드폰, 신디 등등)를 연결하는 것이 좋습니다.

그림 5-5 TRS 콘솔 OUT

그림 5-6 3.5인치 와 TRS 일체형 라인

3.5인치 잭 부분은 컴퓨터 마이크 인풋이나 라인 인풋에 연결하고 Windows 제어판의 하드웨어 셋팅에 있는 소리 마이크/라인 인풋 볼륨을 조절하여 녹음 후 결과물이 일그러지는 현상을 예방해야 합니다.

1. 시작메뉴에서 제어판을 클릭합니다.

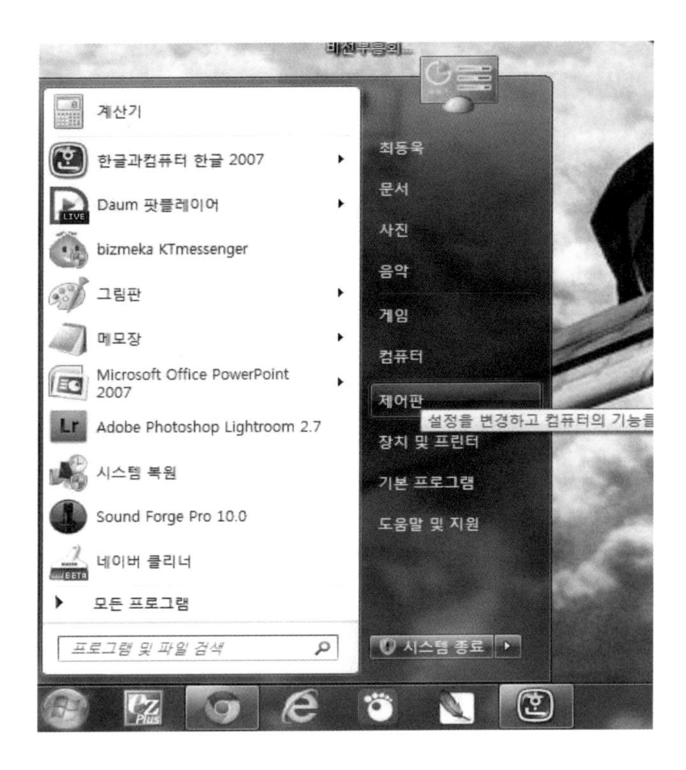

그림 5-7 제어판

2. 그림 5-8과 같은 화면 보입니다. 화면 중 하드웨어 및 소리를 클릭하세요

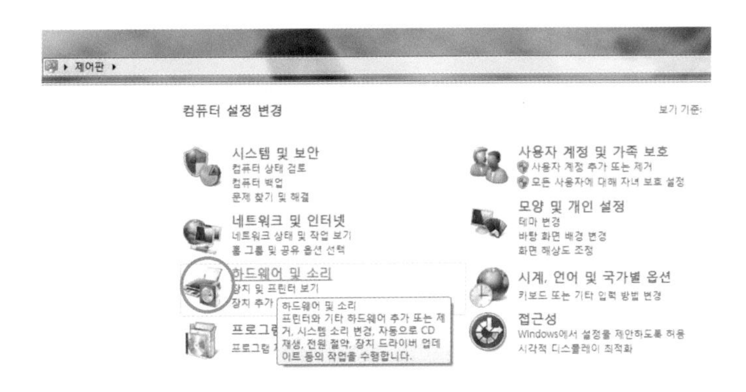

그림 5-8 제어판 내부 설정

3. 하드웨어 소리를 클릭하시면 아래와 같은 화면이 생성됩니다. 이 중에 녹음 버튼을 클릭 하세요

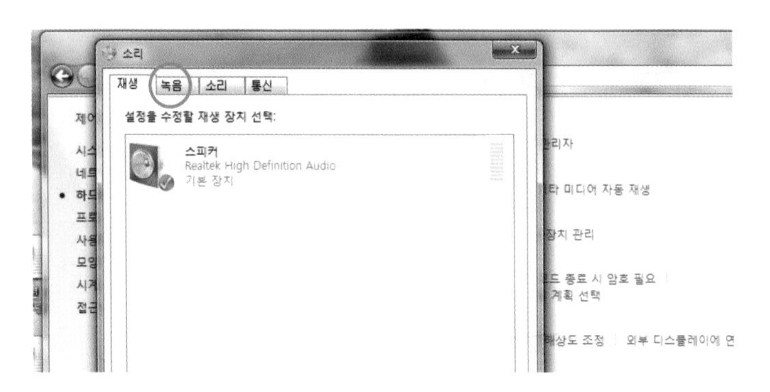

그림 5-9 소리 설정창

4. 녹음 창을 클릭하면 다음과 같은 화면이 보이는데 마이크를 마이크 연결 부위에 연결하면 마이크에 표시가 뜨고 오른쪽에 볼륨 레벨을 표시하는 바(bar) 가 보입니다. 마이크 부분을 더블 클릭하면,

그림 5-10 마이크 입력 설정

5. 마이크 속성이 보이는데 수준을 클릭하고 마이크 볼륨과 증폭도를 적절히 조정하여 녹음 시 과입력으로 인한 디지털 파손이 발생하지 않도록 조절해 줍니다.

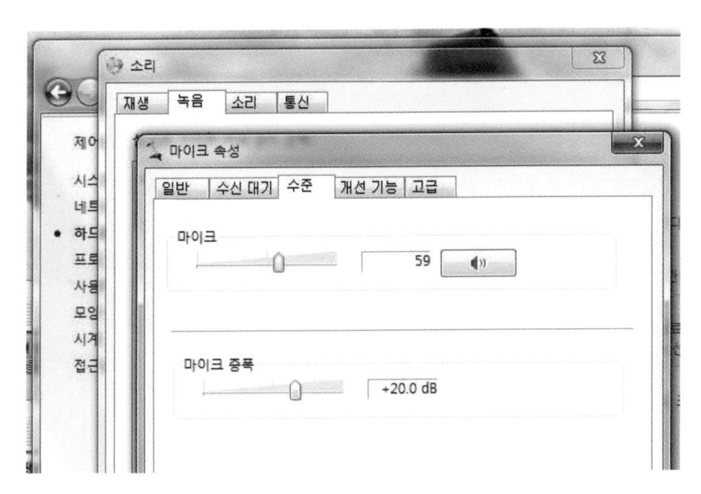

그림 5-11 마이크 입력 레벨 설정

6. 사운드 카드의 라인 부분에 3.5 인치 잭을 연결하면 라인 입력 부분에 다음과 같이 표시가 뜨고 라인 입력이라는 부분을 더블 클릭하면,

그림 5-12 라인 입력 설정

7. 다음과 같은 창이 생성됩니다. 수준을 클릭하고 라인 입력 래벨을 적절히 조절해서 클리핑이 발생되지 않도록 합니다.

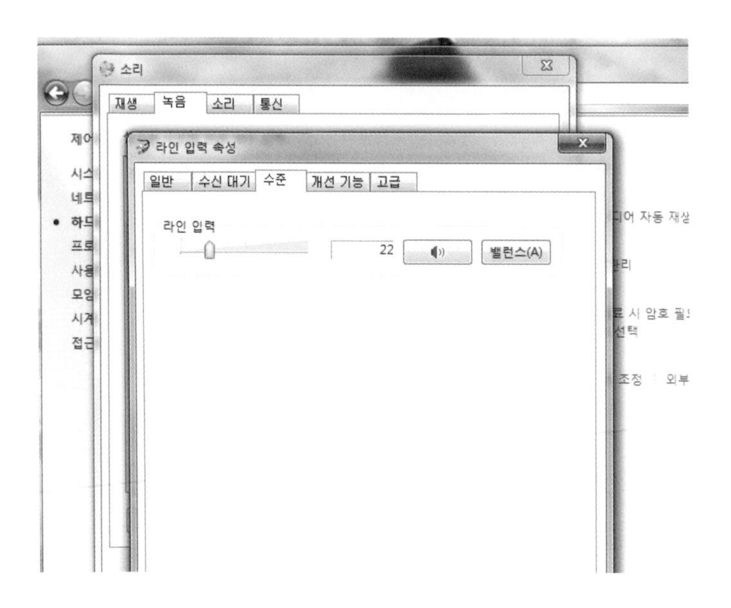

그림 5-13 라인 입력 레벨 설정

개인 컴퓨터를 활용한 녹음에서 주의 할 부분은 콘솔과 컴퓨터 사이에 접지나 전기의 불량으로 인한 잡음이 발생하는 경우가 자주 있습니다.

녹음 전 또는 녹음 중 지속적인 확인이 필요하며 젠더를 활용한 경우 접촉 불량이 자주 발생하므로 연결과 취급에 주의가 요구됩니다. 또한 전문적인 프로그램을 통한 녹음이 아니기 때문에 일부 음향적 손실이 발생할 수 있습니다.

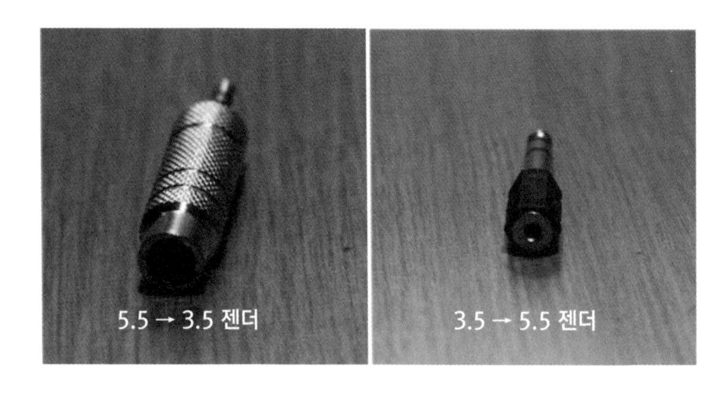

그림 5-15 젠더

Y자 형태의 케이블의 경우 콘솔 아웃풋이 2개 필요하게 되는데 이 경우에는 모노 아웃풋을 사용하지 못하고 AUX 중 두 개의 채널이나, GROUP OUT 중 두 개의 채널을 사용해야 합니다.

GROUP OUT을 사용하여 스테레오 아웃을 녹음하고 싶은 경우 각 채널에서 PAN을 좌우로 꺾어주는 것을 잊지 않아야 합니다. Y형태의 케이블에서 붉은색은 -(오른쪽), 흰색은 +(왼쪽) 신호를 전송해 줍니다.

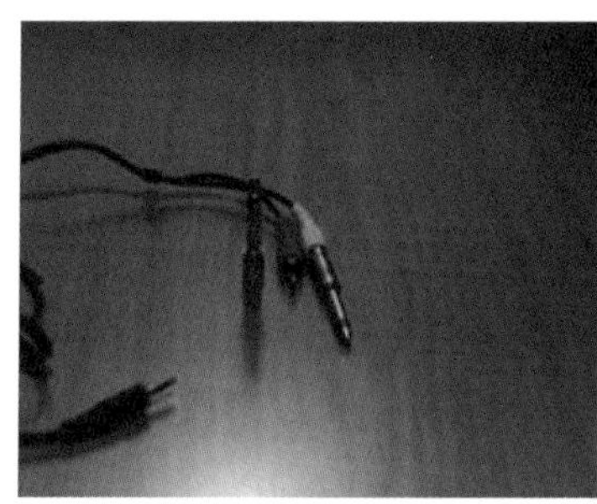

그림 5-16 Y형태 케이블 연결 및 Tape IN 사용

그림 5-16의 왼쪽 사진을 Y형태 케이블 또는 RCA 커넥터라고 부르는데 저가 콘솔의 경우 Tape out을 통해 메인 아웃 볼륨을 출력해서 사용할 수 있습니다. 독립된 볼륨 조절이 불가능하게 설계되어 있으므로 녹음 에러 예방에 어려움을 겪을 수 있기 때문에 Tape out 보다는 Aux나 Group out 사용하는 것이 녹음 품질 유지에는 좋습니다.

개인용 PC를 활용한 녹음은 다양한 프로그램으로 가능한데 필자의 경우 간단한 녹음에는 유료이기는 하지만 SONY사에서 개발한 Sound Forge를 사용하고 있습니다.

제어판에서 인풋을 확인할 수 있으면 대부분의 윈도우 녹음 프로그램들은 외부 장치들을 자동으로 인식을

하게 됩니다. 혹시 인식하지 못할 경우 각 독립 프로그램의 설정창을 이용하여 사운드 카드를 정확하게 인식하고 있는지 확인이 필요합니다.

무료 녹음 프로그램으로는 곰플레이어, 다음 팟플레이어 등이 있습니다.

그림 5-16 다음 팟플레이어를 이용한 녹음

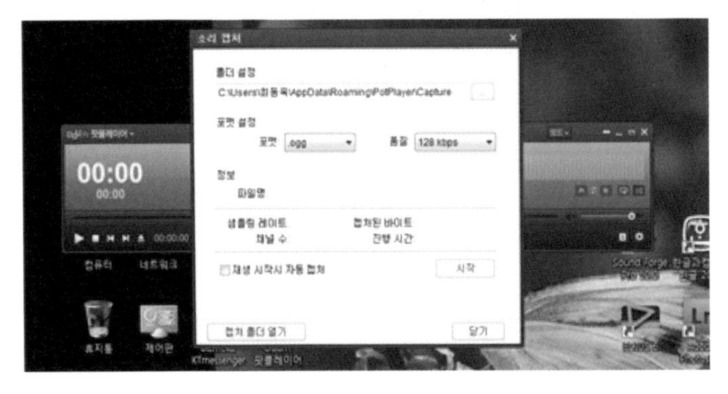

그림 5-17 다음 팟플레이어 셋팅

5-3 인터페이스 녹음

인터페이스의 종류 중 대표적인 몇 가지를 소개하면 Focusrite사의 Scarlett 2i2, Tascam사의 us144 mkii, Digidesign사의 DIGI003, MBOX시리즈, PROTOOLS HD시리즈, Mackie사의 ONYX 등을 들 수 있습니다.

이 중 PROTOOLS HD의 경우에는 프로 녹음 스튜디오에서 주로 사용하고 라이브 앨범 제작을 위한 후 믹싱을 필요로 할 때 사용하는 고가의 멀티트랙 디지털 녹음 장비로서 대부분의 녹음 스튜디오에서는 Mac과 연동하여 사용합니다.

최소 16in - 16out을 지원하고 인풋 장비를 추가 구입하여 연결할 경우 추가 녹음 채널 확보가 가능합니다.

이보다 저렴한 보급형인 DIGI003의 경우에는 8in - 8out을 지원하고 녹음 채널의 확장은 불가능하며 편집 가능한 트랙도 최대 24트랙으로 제한되어 있습니다.

Digi003의 경우에는 모든 악기를 개별 트랙으로 녹음하기에는 Input 채널이 부족하기 때문에 콘솔의 그룹 아웃을 활용하여 Vocal 2ch, inst 2ch, Leader 1ch, Drum 2ch, Bass/EG 1ch로 분할하여 녹음 전에 일정 레벨에 대해 믹싱을 완료하고 그룹아웃을 통해 부족한 체널을 해결하고 있습니다.

그림 5-18 프로툴스 녹음 인터페이스

위와 같이 2트랙 이상의 인풋과 아웃풋 채널을 보유하고 있는 장비들을 멀티트랙 레코딩 장비라고 부르는데 인터페이스의 사양에 따라 (몇 개의 인풋과 아웃풋이 있느냐에 따라서) 음원을 각기 독립된 채널에 녹음할 수 있으며 이런 멀티트랙 녹음을 위해서는 누엔도, 프로툴스 같은 멀티트랙 녹음프로그램을 구입 설치해야 합니다.

멀티 트랙 녹음을 위해서는 동시에 녹음하고자 하는 마이크나 라인 인풋의 수량만큼 아웃풋을 필요로 하는데 멀티트랙 레코딩의 최대의 장점인 각 악기별 독립된 소리의 녹음을 위해서 입니다. 이런 멀티트랙 녹음을 잘 활용하기 위해서는 다이렉트 아웃 기능을 갖춘 콘솔을 이용하는 것이 좋습니다.

그림 5-19 일반저가 콘솔, 인터페이스 내장 저가 콘솔

최근에는 녹음용 인터페이스와 콘솔의 기능을 결합한 장비들이 출시되기도 하는데 Mackie 사에서 생산하는 ONYX의 경우 파이어와이어 케이블을 이용해서 16ch의 인풋 신호를 16ch 다이렉트 아웃을 제공하고 Nuendo, Protools LE10, Logic, Qbace 등의 대부분의 편집 프로그램과 연동 가능 합니다.

5-4
디지털 MTR 녹음

초창기 디지털 녹음 기술은 아날로그 시대와 동일하고 녹음 방법만 디지털을 활용했습니다. 대표적인 제품은 ALESIS사의 HD24를 들 수 있는데, 트랙별로 24개의 음원을 녹음할 수 있으며 하드드라이브의 용량만큼(물론 어떤 포맷으로 녹음 하느냐에 따라 그 사용시간이 현격하게 변화한다.) 녹음이 가능합니다. 최대 24bit 96Khz 까지 지원가능하며 가장 큰 장점이자 단점은 과거 테이프 레코더와 녹음 방식이 비슷해서 아날로그 녹음 방식에 익숙한 엔지니어들도 쉽게 배울 수 있지만 컴퓨터를 이용한 녹음과는 다르게 눈으로 녹음되는 파형을 확인할 수 없어, 편집과 녹음 확인 에는 어려움이 많습니다. 라이브 녹음의 경우 공연 시작부터 끝까지 끊임없이 녹음해야 하는데 컴퓨터를 활용한 녹음 방식보다 안전하고 공간도 효율적으로 사용할 수 있습니다.

Alesis HD24

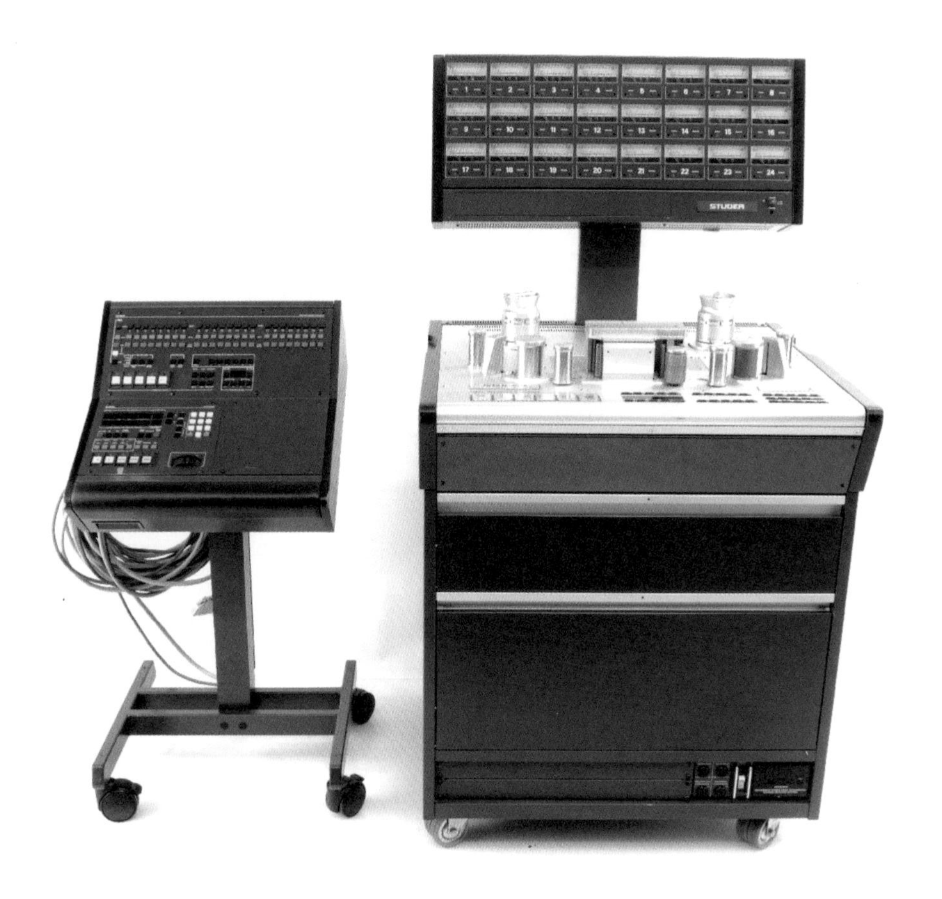

Analog Multitrack Recorder

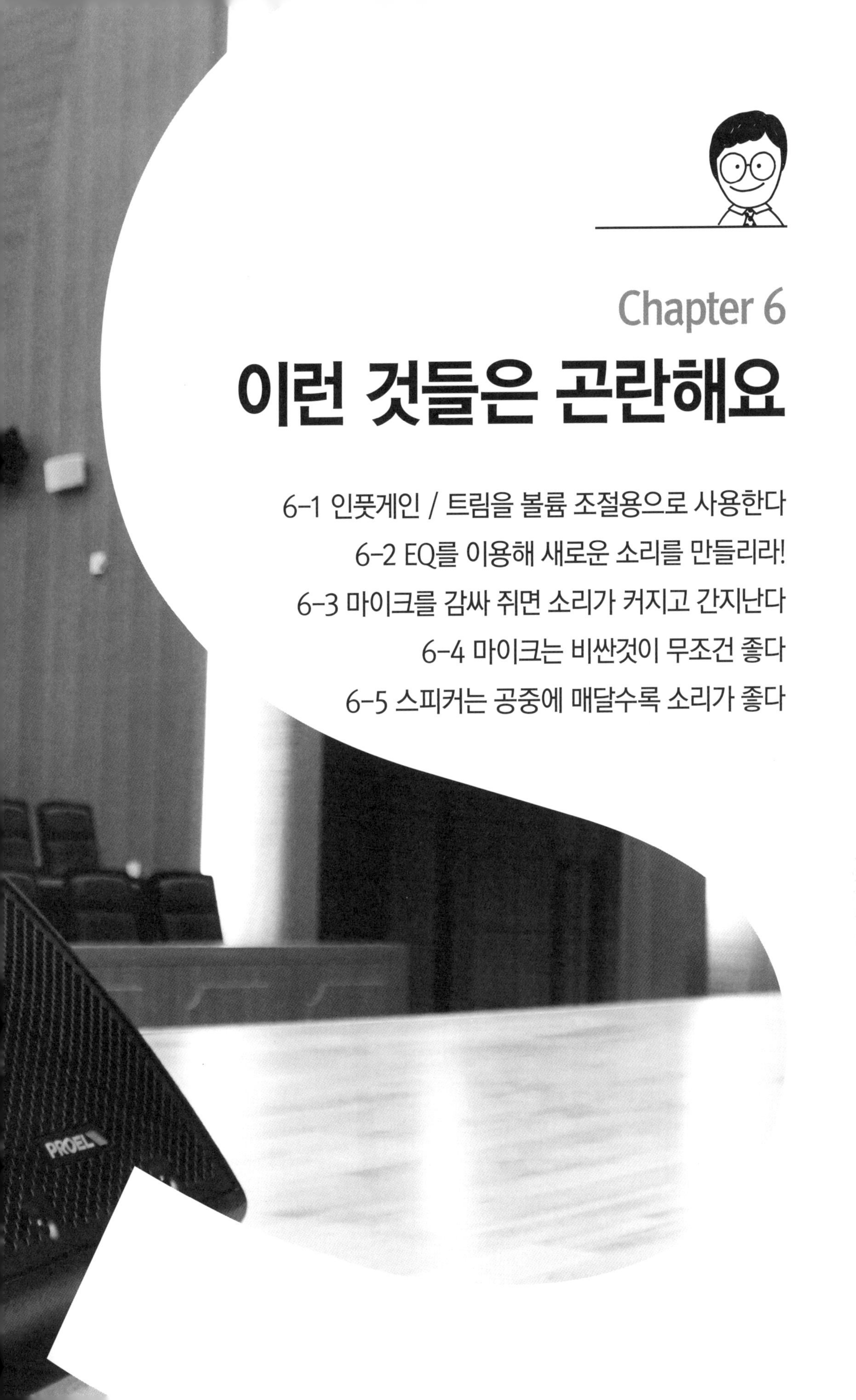

Chapter 6

이런 것들은 곤란해요

6-1 인풋게인 / 트림을 볼륨 조절용으로 사용한다

6-2 EQ를 이용해 새로운 소리를 만들리라!

6-3 마이크를 감싸 쥐면 소리가 커지고 간지난다

6-4 마이크는 비싼것이 무조건 좋다

6-5 스피커는 공중에 매달수록 소리가 좋다

6-1
인풋 게인/트림을 볼륨 조절용으로 사용한다

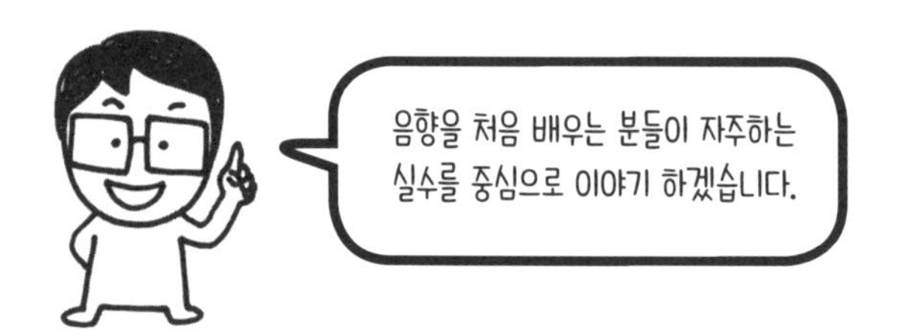

음향 장비에 대해서 배우기 전에는 게인과 페이더 모두 똑같은 기능을 한다고 생각하기 쉽습니다. 하지만 조금 성격이 다른 것이 게인과 트림은 콘솔에 연결된 장비(마이크 또는 신디 사이저)와 콘솔 간의 발란스를 맞추거나 최초 음원의 전기적 용량을 확보하기 위해 사용하는 기능입니다.

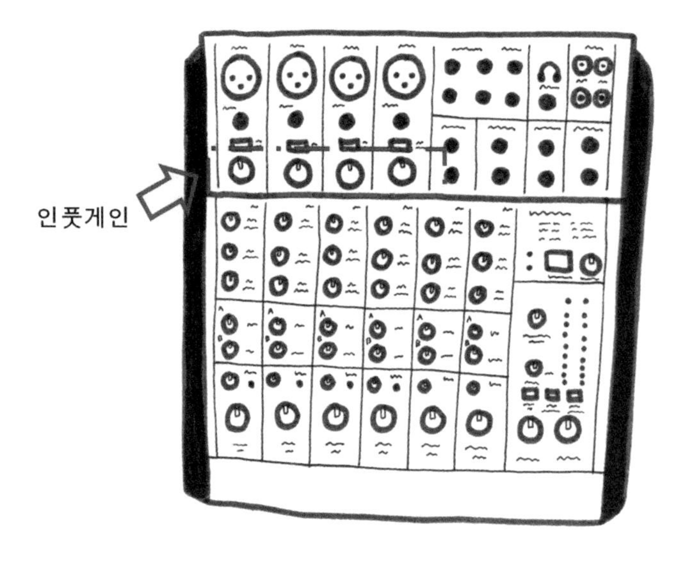

그림 6-1 인풋게인

페이더는 게인에서 충분하게 확보한 음원을 섬세하게 증폭하거나 감쇠할 경우 많이 사용하게 됩니다. 게인에서 일정한 음압을 확보했다면, 그 후에는 페이더로 조정하는 것이 좋습니다.

간혹 인풋 게인을 1시 방향 이상 과도하게 사용하고 페이더는 -10dB이하로 설정하고 운영하는 경우 또는 그 반대로 인풋 게인을 8시 방향 이하로 아주 작게 설정하고 페이더는 +10dB에 맞춰놓고 사용하는 경우를 보게 되는데, 가장 좋은 것은 페이더는 U 또는 0에 맞춰두고 인풋 게인을 조정하여 충분히 소리가 선명하게 들리도록 조정한 후에 페이더를 통해 소리를 감쇠하는 용도로 주로 사용하는 것이 좋습니다.

순서
페이더를 U 또는 0에 정렬

-> 음원을 충분히 입력받으며 하울링이나 잡음이 과도하게 증폭되지 않는 충분한 음량이 될 때까지 인풋 게인을 시계 방향으로 회전

-> 페이더를 U 또는 0에 맞추었을 경우 인풋 게인을 아주 조금만 올려도 너무 큰 소리가 발생하거나 하울링이 발생할 경우 콘솔의 -20dB PAD를 사용하거나 DI박스를 추가 연결

-> 인풋 게인을 충분히 올릴 수 있지만 음원 확보가 잘 되지 않고 특정한 소리에 하울링이 발생한다면 특정한 소리에 해당하는 주파수를 유추하여, 그에 해당하는 EQ 주파수를 감쇠하여 추가적인 인풋 게인 증폭을 확보.

6-2
EQ를 이용해 새로운 소리를 만들리라!

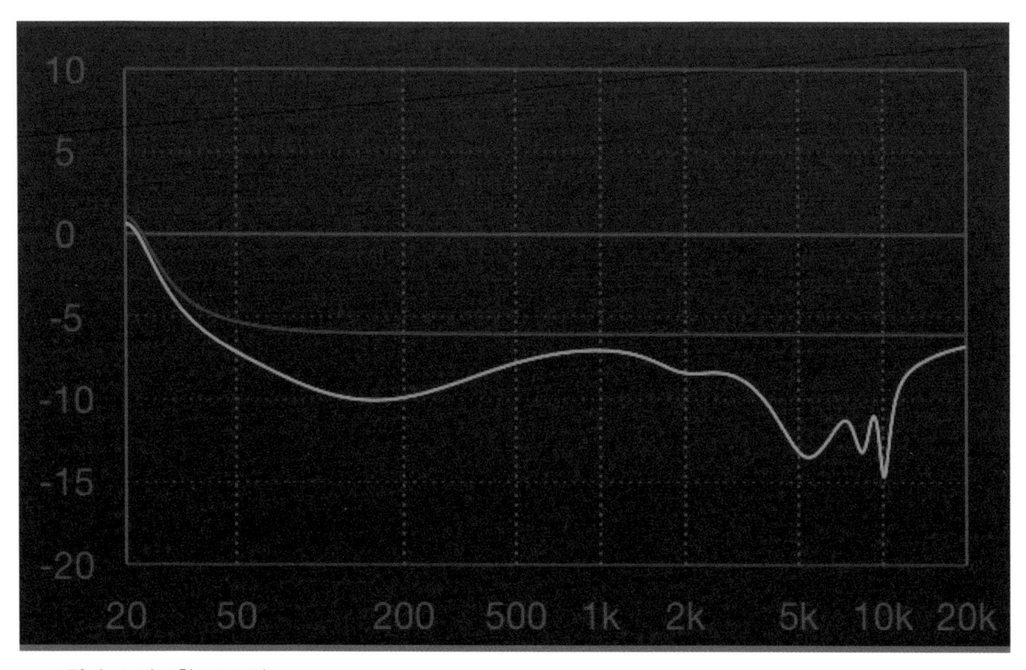

그림 6-2 과도한 EQ조절

EQ는 콘솔에서 가장 매력적인 기능 중에 하나입니다.

하나의 소리를 저음, 중음, 고음을 마음대로 크게 하거나 줄일 수 있고, 어쩐지 뭔가 창조적인 작업을 하는 것 같은 흥분감을 주기도 하지만 EQ는 이름 그대로 원판과 동일하게 출력하기 위해 사용되는 기능이 본래의 목적이지, 음색을 아름답게 만드는 것은 부차적으로 발생하는 이득이라고 할 수 있습니다.

그림6-2와 같이 너무 많은 EQ 조절은 페이더를 통한 볼륨 감쇠 또는 증폭과 동일한 효과 이외에는 의미가 없을 수 있으며 아날로그 콘솔의 경우에는 저항으로 인한 음의 열화현상으로 음질이 더욱 나빠질 수 있는 위험이 있습니다.

그렇기 때문에 오히려 최대한 EQ를 사용하지 않고 안정적인 음향을 만들어 낼 수 있는 것이 음향 기사의 실력을 나타내는 기준이 될 수 있다고 개인적으로 생각합니다.

또한 아날로그 콘솔의 경우 EQ를 사용한 증폭 보다는 감쇠를 하는 것이 전기적으로 발생할 수 있는 잡음과 음향장애를 줄일 수 있는 방법이 됩니다.

위의 그림과 같이 0dB를 기준으로 전체적으로 EQ를 조정하여 6dB 가량 감쇠가 발생했을 경우, 인풋 게인이나 페이더를 통해 6dB 볼륨은 낮추고 EQ를 사용한 감쇠의 범위를 줄이는 것이 오히려 안정적인 음향 작업이 될 수 있습니다.

6-3 마이크를 감싸 쥐면 소리가 커지고 간지난다.

그림 6-3 마이크 사용법 예

위에 그림과 같이 마이크를 잡으면 소리가 커지기는 합니다. 왜냐하면 마이크의 윗 부분은 음원 수음을 담당하고 아랫 부분에서 수음되는 음원은 상쇄를 통해 마이크의 지향성을 정면에서만 가능하도록 하여, 하울링이나 기타 잡음을 예방하는 역할을 하는데, 아랫 부분까지 감싸쥐게 되면 음압의 크기가 마이크 2대를 사용한 것과 같이 증폭하는 효과를 발휘할 수 있지만, 잡음과 하울링이 많이 발생할 수 있습니다.

그렇기 때문에 마이크 사용방법은 위의 그림에서 오른쪽과 같이 마이크의 수음부를 잡지 않는 것이 바람직한 방법입니다.

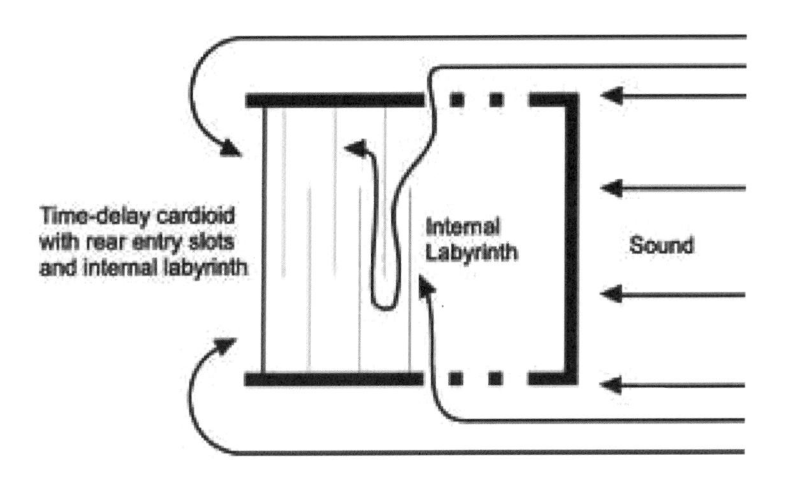

그림 6-4 마이크 지향각 및 잡음 감소 원리

MEMO

6-4 마이크는 비싼 것이 무조건 좋다

기계 장비들의 공통적인 특징은 비싸면 비싼 만큼의 값을 한다는 점입니다. 고가의 자동차가 더 편안하고 안전하며, 고가의 오디오 소리가 더 안정적입니다. 고가의 시계가 더 정확하고, 고가의 TV가 화질이 더 좋습니다. 현대 사회에서 정상적인 거래를 통해 구입한 제품이라면 대부분 가격만큼 품질이 좋다는 법칙이 적용됩니다. 음향 장비도 동일합니다.

가격이 높을수록 더 안정적이고 듣기 좋은 소리를 만들어 낼 수 있는 확률이 높아지며, 물론 사용이 복잡하고 어려워지기는 하지만 더 많은 기능을 편리하게 사용할 수 있습니다. 하지만 절대 놓치지 말아야 할 중요한 요소가 있습니다. 바로 상황과 여건에 적합한 장비인지를 먼저 생각해야 한다는 것입니다.

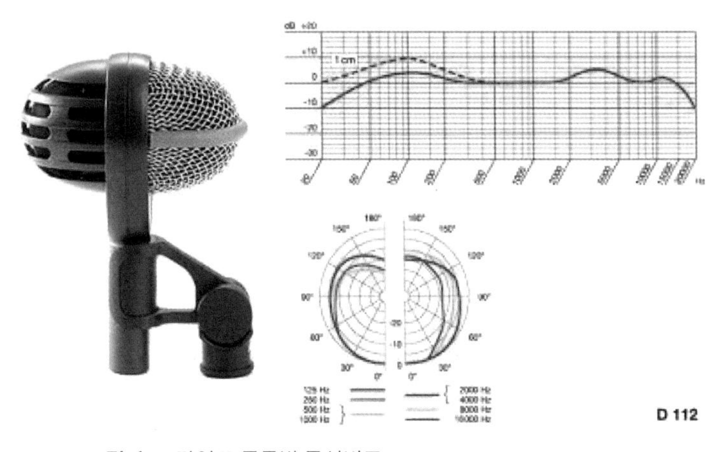

그림 6-5 마이크 종류별 특성비교

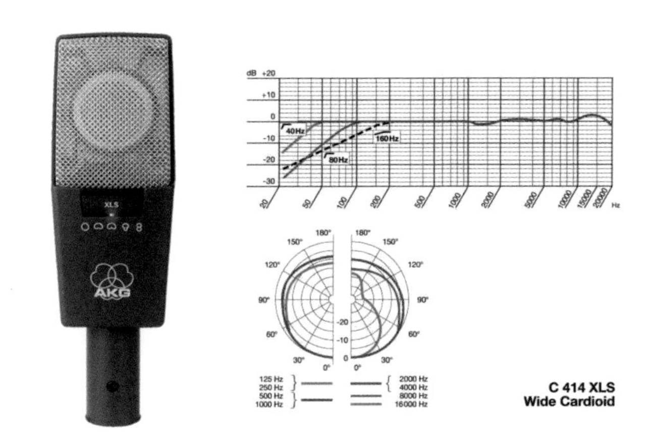

예를 들어 드럼 Kick에 사용하는 마이크를 고가의 섬세한 콘덴서 마이크를 사용 했을 때 보다, 가격은 저렴하지만 드럼 Kick을 위해 전문전으로 제작된 전용 마이크를 사용하는 것이 음향적으로 더 좋은 결과를 만들 수 있습니다. 그림 6-5 에서 D112는 저음 수음을 잘 할 수 있도록 개발된 다이나믹 마이크입니다. 대략 50~ 60만원 정도에 거래되고 있고 아래의 C414XLS 콘덴서 마이크는 300에서 400만원 정도에 거래되고 있으니 대략 7배 정도의 차이가 있습니다.

하지만 C414XLS 소리가 7배 더 좋으냐? 라고 묻는다면, 소리는 정량화, 개량화 할 수 없기 때문에 확정해서 말할 수는 없지만, 그림의 주파수 특성에서 보여지듯 D112는 저음 수음력이 약간 증폭되어 있고 C414는 전체 주파수를 고르게 받아들이고 있음을 볼 수 있습니다.

정리하면 저음을 주로 발생시키는 드럼의 Kick 이나 첼로, 튜바 등등의 저음 악기에 D112 마이크를 사용하게 되면 저음 수음에 유리하고 C414의 경우 보컬이나 바이올린, 피아노 같이 저음에서 고음까지 대역이 넓고 섬세한 음압의 수음이 필요한 악기에 사용하면 좋은 효과를 볼 수 있지 않을까 유추해 볼 수 있습니다.

여기에 더해서 저음에 다이나믹 형태의 마이크가 유리한 이유는 저음 악기의 경우 고음 악기에 비해 음압의 에너지가 강한 편인데 콘덴서 마이크의 경우 소리를 수음하는 소자 부분이 섬세하게 동작하기 때문에 과도한 음압에 마이크의 고장이 쉽게 발생할 수 있습니다.

참고: 부록 1〉 다이나믹 마이크와 콘덴서 마이크 장단점 분석 참조

MEMO

6-5
스피커는 공중에 매달수록 소리가 좋다

1990년 중반 L-Acoustics에서부터 시작된 라인어레이 스피커는 대부분 공중에 띄워서 설치하여 사용하고, 그 외견만으로도 압도적인 퍼포먼스로 인해 고급 프로용 스피커의 대명사가 되었습니다.

그로 인해 스피커는 공중에 매달아야 좋은 소리가 발생한다는 선입견을 심어주었고, 요즘은 웬만한 공연장이나 소규모 공간의 음향시스템도 공중에 매달아서 사용하고 있습니다.

참고: 부록 2〉 라인어레이 스피커와 라우드 스피커 비교

물론 스피커의 종류에 상관없이 바닥이 아닌 공중에 매달아서 장애물로 인해 소리가 감소되는 현상 또는 스피커와 근거리에서는 고음으로 인해 귀가 아프고 스피커와 원거리에서는 고음이 잘 들리지 않는 현상을 많이 개선시킬 수 있지만, 소규모 공간에 설치할 경우 공사비가 시스템 비용보다 더 많이 발생하는 위험이 있을 수 있습니다. 특별하게 음향 손실이 적어야 하는 넓은 공간이 아니라면 스피커를 공중에 띄우는데 과도한 예산을 사용하는 것보다는 저렴한 삼각대를 사용하여 장애물로 인한 음의 손실을 최소화하는 방법이 가격대비 성능이 더 좋을 수 있습니다.

물론 아이들이 사용하는 공간에서 안전을 위해 천정에 스피커를 매다는 경우도 있습니다.

그림 6-6 삼각대를 사용한 플라잉

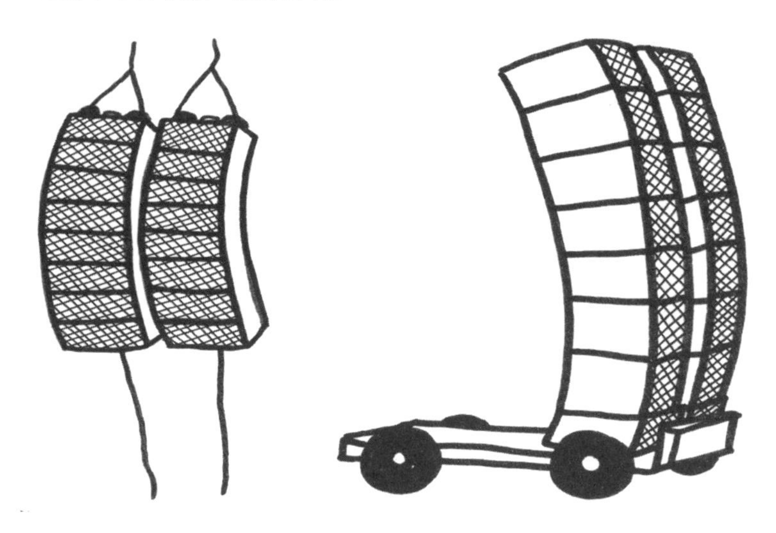

그림 6-7 라인어레이 스피커 설치예시

그림 6-8 라우드 스피커 설치예시

ASSIGN 2
RELEASE
C
ASSIGN 1
SUSTAIN
CHORUS
PAN
DECAY
RESONANCE

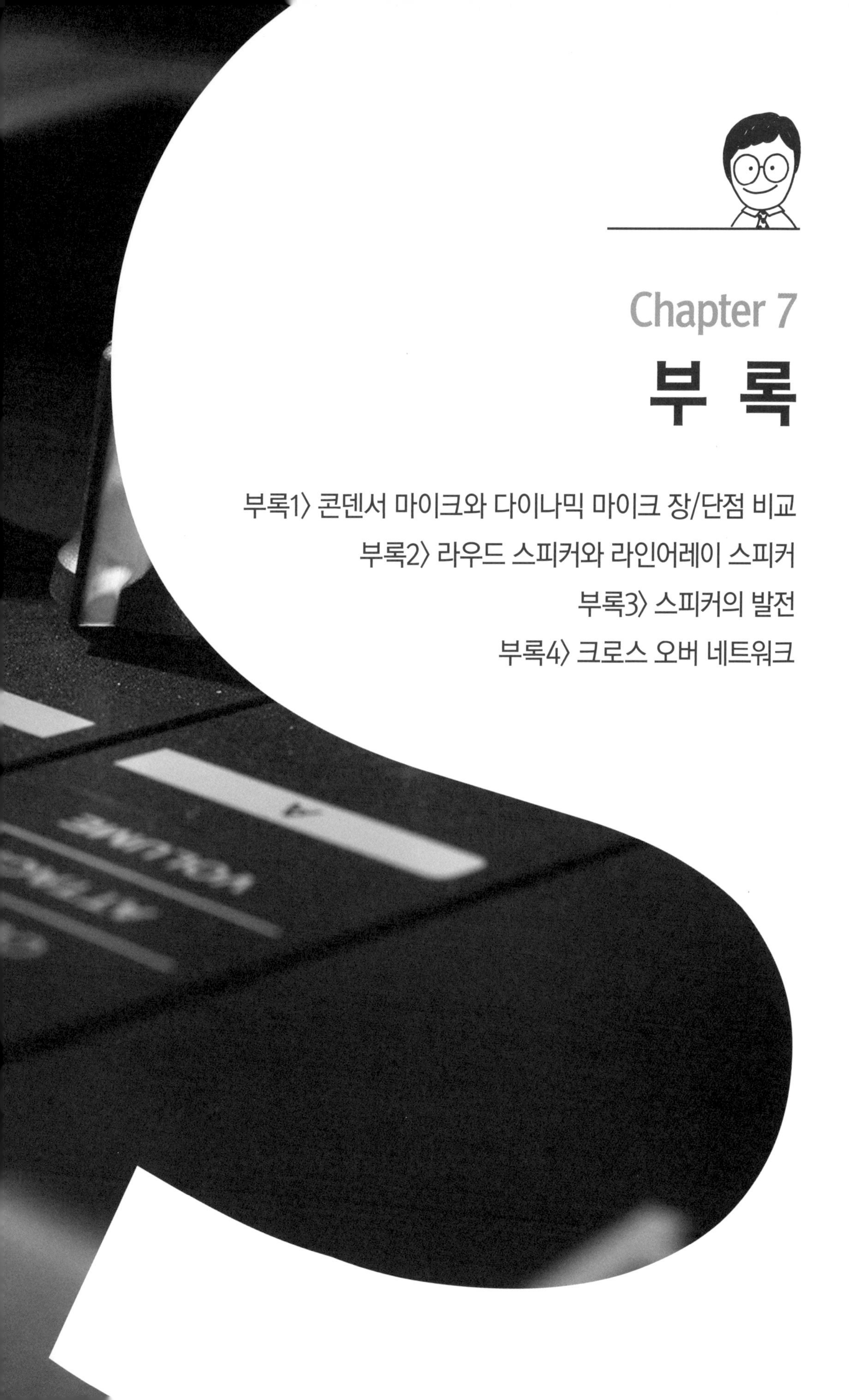

Chapter 7
부 록

부록1〉 콘덴서 마이크와 다이나믹 마이크 장/단점 비교

부록2〉 라우드 스피커와 라인어레이 스피커

부록3〉 스피커의 발전

부록4〉 크로스 오버 네트워크

부록 1〉
콘덴서와 다이나믹 마이크 장, 단점 비교

	다이나믹 마이크	콘덴서 마이크
충격에	강하다	약하다
가격이	상대적으로 저가이다	상대적으로 고가이다
반응이	고음에 대한 반응이 좋지 않다. 저음에 대한 반응이 좋다	큰 음압에 약하다. 고음에 대한 반응이 좋다.
사용을	악조건에서도 사용 가능	48V DC전원이 꼭 필요하다.

부록 2〉
라우드 스피커와 라인어레이 스피커

라인어레이 스피커는 스피커 간의 간섭을 긍정적으로 활용하여 소리 전달의 직진성을 최대한 확보한 방식으로 소리의 감소가 일반적인 라우드 스피커에 비해 적다는 강점이 있습니다. 라우드 스피커는 우리가 평상시에 흔히 볼 수 있는 스피커를 말하고 음원이 발생하면 구형태로 음향이 방사됩니다.

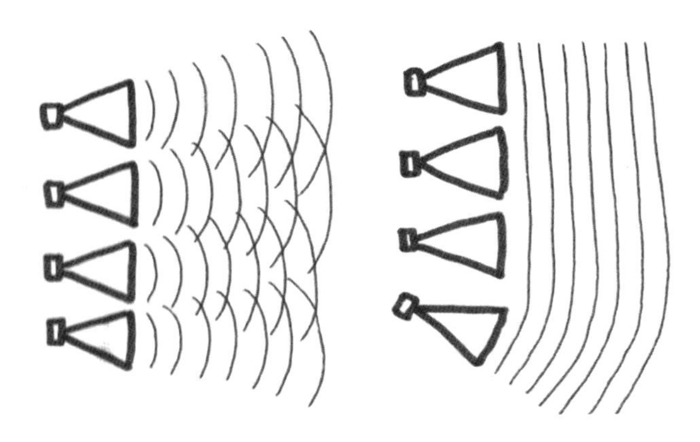

그림 7-1 라인어레이 스피커 음원방사

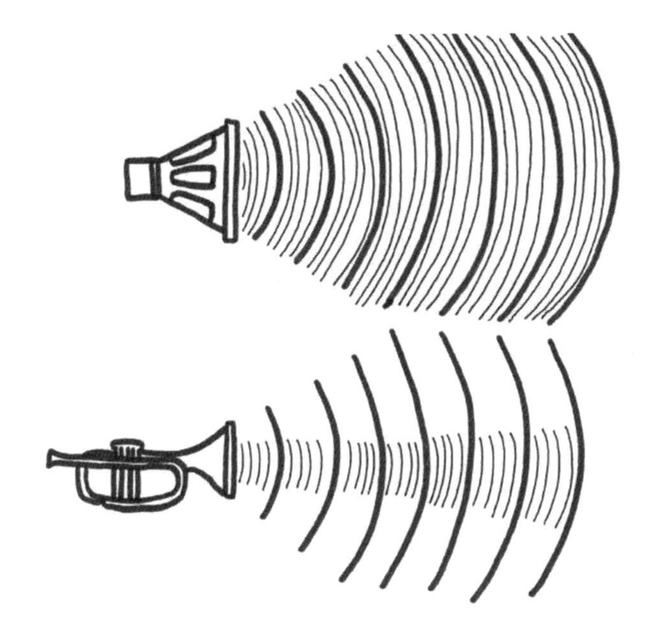

그림 7-2 라우드 스피커 음원방사

일반적으로 스피커는 전기적인 신호의 변화를 인간이 들을 수 있는 공기의 진동으로 바꿔주는 장치를 말하는데, 귀에 들리는 음의 대역, 즉 가청 주파수 대역 전체에 걸쳐 모든 방향으로 동일한 위상의 소리를 낼 수 있는 진동 영역을 갖는 스피커가 가장 이상적인 스피커라고 할 수 있습니다.

라인어레이 스피커 방식은 2대 이상의 스피커를 나란히 연결하여 선음 원을 형성하고, 점 음원이 갖고 있는 약점을 (거리의 제곱에 비례해 소리 에너지가 감소) 극복하기 위해 고안되었습니다.

하지만 스피커를 쌓아 올리는 방향으로 지향각이 좁아지는 문제점이 있어(위/아래로 쌓을 경우 상하 지향각이, 좌/우로 쌓을 경우 좌우 지향각이 좁아지게 됩니다.) 이를 극복하기 위해 쌓이는 스피커들의 각을 조절하여 좁아지는 지향각을 보완할 수 있도록 설계되었습니다. 그래서 라인어레이 스피커를 공중에 길게 연결하여 설치하는 스피커로 인식하게 된 것입니다.

일반적으로 착각하는 것 중 하나가 라인어레이 '스피커=매달기, 라우드 스피커=바닥쌓기' 라는 개념인데, 플라잉(Flying, 매달기)과 스택(Stack, 바닥쌓기)은 스피커의 종류(라인어레이, 라우드)와 상관없이 스피커 설치 위치 (스피커를 공중 혹은 바닥에 쌓았는냐?)의 차이로만 이해하시면 좋을 것 같습니다. Flying은 Stack방식의 단점을 보완하기 위한 방법입니다. 스피커를 무대 위에 매달아, 음원으로부터 객석까지의 거리 차이를 줄이고, 방해물로 인해 음압이 약해지거나 소리의 전달이 원활히 이루어지지 않는 현상을 해결합니다. 다만 눈으로 보는 것보다 듣는 것이 높이 위치하게 되므로, 일부 위치에서는 소리의 이질감을 느낄 수도 있어, 이를 해결하기 위해 무대 아래편에 프론트(Front) 스피커를 설치하기도 합니다.

프론트 스피커를 설치할 경우 플라잉 스피커에서 발생하는 음원의 도달 시간을 감안하여 소리를 지연을 시켜주어야 하며, 일반적으로 프론트 스피커는 모노 방식으로 출력하기 때문에 위상 문제에 대해서도 고려해야 합니다.

부록 3〉
스피커의 발전

마이크로폰이 음향 에너지를 전기 에너지로 바꾸고 스피커는 역으로 파워 앰프에서 증폭된 전기 신호를 받아 사람들이 들을 수 있는 음향 에너지로 변환합니다.

전화기의 수신기 개발에서 시작되어 영화관이 무성영화에서 유성으로 바뀌며 전 세계 영화관이 스피커 설치를 계기로 비약적인 발전을 이루었으며, 홈오디오, 홈시어터 시스템의 발전으로 가정에서도 쉽게 스피커를 접할 수 있게 되었습니다.

-〉 과거에는 음악을 듣기 위해 청음방 또는 다방을 많이 이용했습니다.

스피커 개발에 직접적인 영향을 준 것은 전화기의 수신기입니다.

1876년 벨이 전화기에 대해 특허를 신청한 후에도 전송된 음성은 인식하기 힘든 조악한 수준이었고, 이를 극복하기 위해 송화기와 수신기의 음질 개선에 관한 연구가 계속되었습니다. 이 중 지멘스는 1874년 자기회로 내에 원형 코일을 넣어 상하로 움직이게 하는 무빙코일 변환기(moving coil transducer)에 대한 이론을 확립하고 특허를 신청했지만, 이 이론을 실용화하지 않았습니다.

1898년 올리버 롯지(Oliver Lodge)가 근대적인 개량형을 선보였고, 캘리포니아에 거주하던 덴마크 출신의 피터 젠슨(Peter L. Jenson)과 에드윈 프리드험(Edwin Pridham)도 실용성 있는 무빙코일형을 개발하여 PA용으로 사용하기 시작했으며 이 모델을 마그나복스(magnavox)라 부르고 후에

같은 이름의 회사를 설립했습니다.

1919년 아서 고든 웹스터(Arthur Gordon Webster)가 혼(Horn) 방정식이라는 혼의 음향적인 특성을 수학적으로 풀어낸 논문을 발표했고, 1929년 웨스팅하우스의 시버트(J. D. Seabert)는 콘(Cone)형 스피커보다 목소리 전달에 유리한 혼형 스피커를 개발했습니다.

1925년 에디슨이 설립한 제너럴일렉트릭(GE)의 연구원 체스터 라이스(Chester W. Rice)와 에드워드 켈로그(Edward W. Kellog)는 직접 방사식(direct radiation) 유닛에 대한 논문을 발표했는데, 이는 현재까지 사용되는 라우드 스피커의 기본 모델이 되었습니다.

1904년 플레밍과 1906년 포레스트에 의해 진공관 앰프가 발명되고, 1906년 12월 캐나다의 레지널드 페센든(Reginald Fessenden)에 의해 라디오가 개발되어, 몇 년 후 보급되면서 앰프와 스피커가 널리 쓰이기 시작했습니다.

부록4〉
크로스오버 네트워크

스피커는 여러 파트의 조합으로 이루어지기 때문에 스피커 시스템이라고도 불리는데 몸체를 이루는 인클로저, 주파수 대역별로 재생하는 스피커 유닛, 주파수 대역별로 구분해 주는 크로스오버 네트워크(crossover network)로 구성되며, 크로스오버 네트워크는 특성에 따라 스피커 내부에 설치하지 않는 경우도 있습니다.

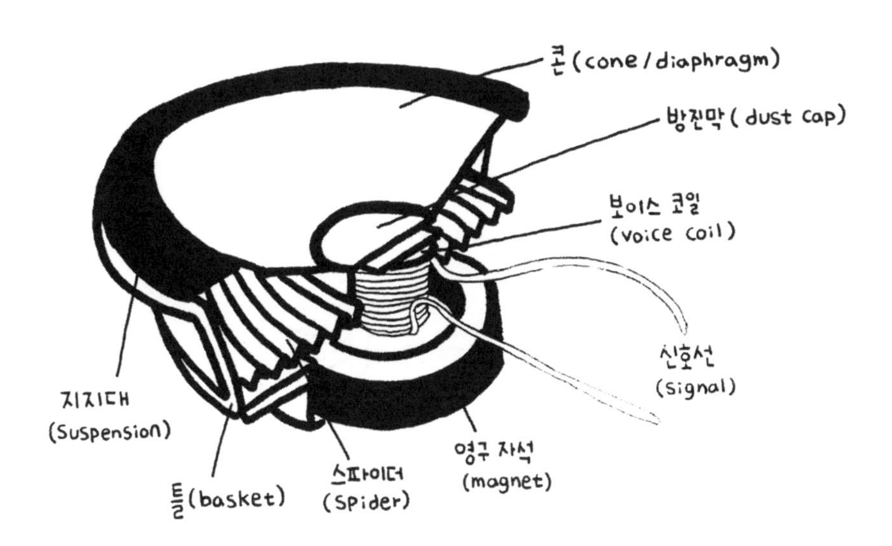

그림 7-3 스피커 구조

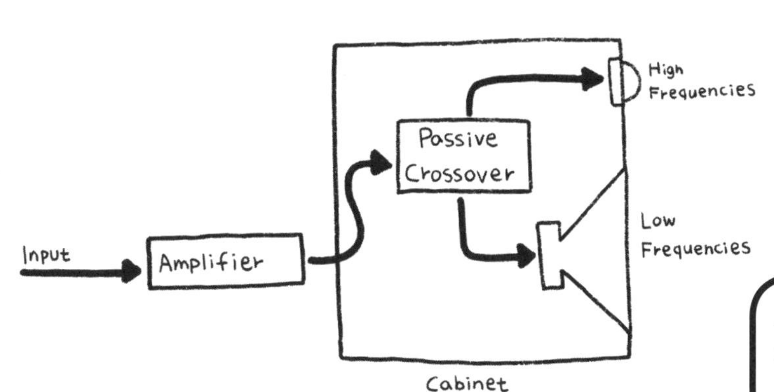

그림 7-4 페시브 크로스 오버

우리가 흔히 홈오디오에서 볼 수 있는 two-way 시스템은 고음은 상부에 위치한 작은 트위터에서, 저음은 하부에 위치한 큰 우퍼에서 재생하도록 되어 있습니다. 이때 파워앰프에서 증폭된 전기 신호는 단일 신호선으로 스피커에 연결되지만 스피커 내부의 저항체로 구성된 네

트워크에서 특정한 주파수를 기준으로 분리시켜 주는 것입니다. 이 특정한 주파수를 크로스오버 주파수라 하며, 대개 공장에서 출시될 때 정해져서 스피커 안에 내장되어 있으나, 가끔 스피커에 가변형으로 조절할 수 있는 모델도 있습니다.

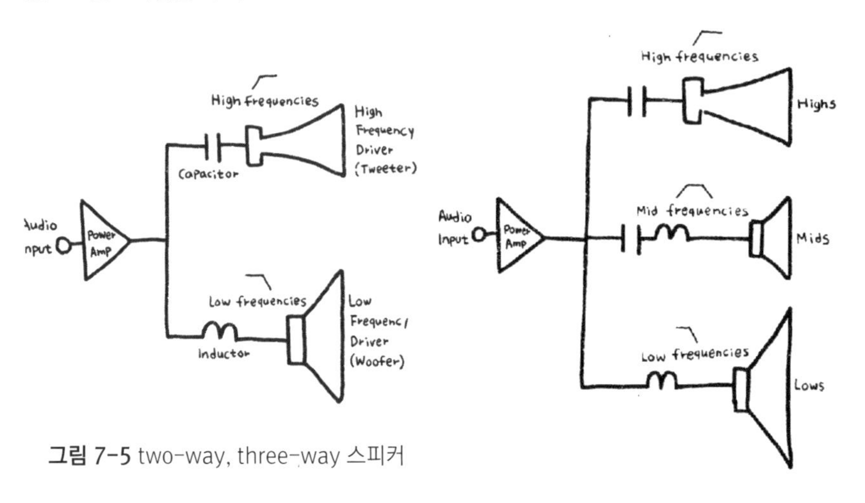

그림 7-5 two-way, three-way 스피커

라이브 음향이나 스튜디오에 사용하는 전문가용 스피커를 위해서 스피커와 분리된 외장형 크로스오버를 많이 사용합니다. 크로스오버 네트워크는 패시브형 크로스오버와 액티브형 크로스오버가 있는데. 패시브형 크로스오버는 앰프에서 증폭된 신호를 고음, 중음, 저음으로 구분해 주는 방식이고, 액티브형 크로스오버는 신호를 고음, 중음, 저음으로 우선 구분하고 앰프로 보내 증폭 재생하는 방식입니다.

최근에는 효율과 스피커 특성의 변화로 액티브형 크로스 오버가 다수를 차지하고 있습니다.

참고문헌

교회음향을 위한 음향시스템 입문, 박경배, 레오방송아카데미 (2016)

라이브 사운드 핸드북,박경배, 레오방송아카데미 (2014)

연주자와 엔지니어를 위한 이펙터 교과서, 안자이 나오무네, SRMUSIC (2014)

음향입문, 장인석, SRMUSIC (2001)

음향기술 총론, 강성훈, Sound Media (2015)

소리저장기술의 발전이 음악시장에 미친영향, 최동욱, 단국대학교 문화예술대학원 (2012)

Handbook for Sound Operator' s Handbook, Bill Gibson, HALL.LEONARD (2007)

Modern Recording Techniques, David Miles Huber, Robert E. Runtein, Butterworth Heinemann (2005)

후원_ SKCC SGMC ELIMNET  레오방송아카데미

음향 퀵 스타트

발행일 2017년 9월 15일 (초판 1쇄)
지은이 최동욱
펴낸곳 도서출판 티데미안
등록 제 25100-2015-000036호
주소 경기도 성남시 분당구 수내로46번길 33, 화동빌딩 B1
전화 031. 696. 7782
팩스 031. 696. 7780

기획 레오방송아카데미 평생교육원
주소 서울특별시 강남구 도산대로 1길 28 남정빌딩 2F
전화 02-3452-0707
홈페이지 www.live-eng.com

제작 샘디자인
주소 경기도 성남시 분당구 수내로46번길 33, 화동빌딩 B1
전화 031. 696. 7778

ISBN 979-11-956322-9-9

파본 및 낙장본은 교환하여 드립니다.